Auxiliando a humanidade a encontrar a Verdade

Os Discos Voadores
e a Origem da Humanidade

© 2017 – Marco Antonio Petit

Os Discos Voadores e a Origem da Humanidade
Marco Antonio Petit

Todos os direitos desta edição reservados à
CONHECIMENTO EDITORIAL LTDA.
Rua Prof. Paulo Chaves, 276 – Vila Teixeira
Marques CEP 13480-970 — Limeira — SP
Fone/Fax: 19 3451-5440
www.edconhecimento.com.br
vendas@edconhecimento.com.br

Nos termos da lei que resguarda os direitos autorais, é proibida a reprodução total ou parcial, de qualquer forma ou por qualquer meio — eletrônico ou mecânico, inclusive por processos xerográficos, de fotocópia e de gravação — sem permissão por escrito do editor.

Revisão: Mariléa de Castro
Projeto gráfico: Sérgio Carvalho
Ilustração da capa: Banco de imagens

ISBN 978-85-7618-411-9
2ª Edição – 2017

• Impresso no Brasil • *Presita en Brazilo*

Produzido no departamento gráfico da
CONHECIMENTO EDITORIAL LTDA
conhecimento@edconhecimento.com.br

Dados Internacionais de Catalogação na Publicação (CIP)
Angélica Ilacqua CRB-8/7057

Petit, Marco Antonio
   Os Discos Voadores e a Origem da Humanidade / Marco Antonio Petit — Limeira, SP : 2ª edição – Editora do Conhecimento, 2017.
   140 p.

ISBN 978-85-7618-411-9

1. Ovnis 2. Vida – origem 3. Abdução por extraterrestres I. Título

17-1210   CDD – 001.942

Índices para catálogo sistemático:
1. Ufologia

Marco Antonio Petit

Os Discos Voadores e a Origem da Humanidade

1ª edição
2017

EDITORA DO
CONHECIMENTO

Livros de Marco Antonio Petit
editados pela Editora do Conhecimento

• CONTATO FINAL – O DIA DO REENCONTRO
2003

• UFOS, ESPIRITUALIDADE E REENCARNAÇÃO
2004

• OVNIS NA SERRA DA BELEZA
2006

• MARTE – A VERDADE ENCOBERTA
2013

• PRESENÇA ALIENÍGENA NA LUA
2016

• O RENASCIMENTO DE UM GUARDIÃO
2017

• OS DISCOS VOADORES E A ORIGEM DA HUMANIDADE
2017

Dedicatória

Aos meus filhos Fernando de Azambuja Petit
e Jeane Caroline Corrêa Petit.

Agradecimento

Ao meu editor Sérgio Carvalho pela reedição dessa obra solicitada por vários de meus leitores mais recentes, marco inicial de minha trajetória como escritor, e investigador do fenômeno UFO.

No dia em que o Homem perceber, tiver consciência de quanto é insignificante sua posição frente o Cosmos, deixando de lado suas ideias antropocêntricas, estará pronto para ser grande, assumindo seu papel de agente da própria Divindade na perpetuação da Vida no Universo.

O Autor

Sumário

Introdução............11
Capitulo 1 – A pluralidade dos mundos habitados............13
Capitulo 2 – A realidade do fenômeno ufológico............20
Capitulo 3 – Os discos voadores e suas bases submarinas............32
Capítulo 4 – Ovnis na Serra da Beleza............44
Capitulo 5 – Os discos voadores e a origem da humanidade..74
Conclusão............128
Bibliografia............134

Introdução

Em 1978, quando passamos a nos dedicar mais diretamente e de maneira mais intensa à pesquisa dos objetos voadores não identificados, existia já de nossa parte uma certa intuição pertinente à existência de uma possível ligação entre o chamado fenômeno ufológico atual, e a própria origem de nossa humanidade. Na época, a teoria mais difundida relacionando nossa origem a seres de outros planetas preconizava a ideia de que o homem havia surgido na Terra a partir de uma intervenção feita no código genético de criaturas "simiescas", nativas do planeta, praticada por membros de alguma civilização extraterrestre, que em última análise seria a responsável pelo salto evolutivo entre nossos supostos ancestrais estudados pela antropologia, e o homem moderno. Esta tese, levantada pelo suíço Erich von Daniken, e posteriormente defendida por outros pesquisadores, não relacionava, entretanto, esta intervenção na linha evolutiva do homem com os discos voadores de nosso tempo. Na realidade, o próprio Daniken, e alguns que o seguiram, só se preocupavam em abordar a presença extraterrena no passado.

No início da década de 80, chegamos a proferir várias palestras e publicamos alguns artigos defendendo essa mesma ideia, mas procuramos demonstrar também que, possivelmente, pelo menos, parte do fenômeno ufológico atual estava relacionado a essa intervenção praticada no passado.

Com o passar dos anos, porém, em meio a estudos relacionados às informações recebidas através de contatos diretos, ocorridos nas mais diferentes regiões do planeta, com seres extraplanetários extremamente semelhantes ao homem, começamos a vislumbrar uma outra alternativa como explicação para a presença de parte do fenômeno dos discos voadores em nosso tempo, como também para a própria origem de nossa humanidade. Após vários artigos publicados em revistas especializadas, apresentando esta nova teoria, achamos, que chegou o momento de apresentarmos um estudo mais detalhado do problema. Este livro nasceu principalmente com o objetivo de permitir a materialização desta nossa pretensão.

Resolvemos também incluir no mesmo, além de outros temas que periodicamente abordamos em nossas conferências, seminários e congressos, um capitulo sobre nossas pesquisas realizadas na região da chamada Serra da Beleza, situada no interior do Estado do Rio de Janeiro, que apresenta uma das maiores incidências ufológicas de nosso país, e mesmo do planeta, onde inclusive tivemos inúmeros avistamentos, e conseguimos bater mais de 40 fotografias documentando a presença dos OVNIs na área.

Capitulo 1 – A pluralidade dos mundos habitados

> "Parece existir uma comunidade de matéria em todo o universo visível, pois as estrelas contêm muitos dos elementos que existem no Sol e na Terra. É extraordinário que entre os elementos mais amplamente difundidos entre as legiões de estrelas estejam alguns dos intimamente ligados aos organismos vivos do nosso globo... Não será possível que, pelo menos, as estrelas mais brilhantes sejam como o nosso Sol, os centros de sustentação e energização dos sistemas dos mundos, adaptados para serem a morada dos seres vivos?
>
> William Huggins, 1865.

> Tempo virá em que os Homens serão capazes de estender seus Olhos... Verão Planetas como a Terra.
>
> Christopher Wren
> Discurso de Inauguração, Gresham College, 1657.

No dia 17 de fevereiro do ano 1600, Giordano Bruno morreu queimado na fogueira inquisitória, condenado pela Igreja, por ousar declarar a existência de outros mundos habitados. A luta de Bruno continua viva hoje, pois muitos ainda não conseguem admitir a possibilidade de dividir o Universo com outras humanidades.

Nosso planeta, o terceiro em ordem de afastamento de nosso Sol, pertence a uma galáxia que tem mais de 200 bilhões de estrelas. Um raio de luz viajando à velocidade de 300 mil quilômetros por segundo leva 100 mil anos para conseguir atravessar a mesma. Parecem existir em nosso Universo mais de 100 bilhões de galáxias. Nosso Universo, entretanto, poderia ser apenas uma espécie de partícula elementar de um átomo de um outro cosmo muito mais amplo.

Segundo o que hoje é aceito por boa parte dos astrofísicos, há cerca de 14 bilhões de anos toda a matéria e energia de nosso Universo estavam concentradas em uma condição de densidade inimaginável, em um ponto matemático — uma singularidade, como gostam de chamar alguns cientistas. Em dado momento este ponto explodiu, dando origem ao Universo. Alguns tendem a descrever o chamado Big Bang como um bloco de matéria explodindo num vazio infinito. Na realidade o Big Bang não só teria criado a matéria, mas também o próprio espaço. Ou seja, não havia nada fora, nem espaço para qualquer evento. Hoje são poucas as dúvidas a respeito de sua ocorrência, mas por que aconteceu? Nossa ciência não tem ainda resposta.

A partir da grande explosão nosso Universo iniciou um processo de expansão. No início este era muito quente, uma verdadeira bola de fogo, rico em matéria, originalmente hidrogênio e alguma quantidade de hélio, formados pelas partículas elementares da grande explosão. Mediante o processo de expansão, sua densidade começou a cair, provocando a queda da temperatura, gerando o aparecimento das trevas.

Aproximadamente um bilhão de anos depois do Big Bang, a matéria primordial do Universo, hidrogênio e hélio, começou a se aglutinar de forma granulosa em alguns pontos, que cada vez ficavam mais densos a partir da atração gravitacional que exerciam em suas proximidades.

Estes acúmulos iriam se transformar, tempos depois, nos aglomerados de galáxias, que a partir de novos colapsos gravitacionais gerariam as estrelas, trazendo a luz novamente para o Universo.

Foi justamente mediante o surgimento das estrelas, através das suas várias fases de reações termonucleares, que começaram a surgir os demais elementos químicos conhecidos. Temos que ter em mente que nossos corpos são feitos de matéria estelar. Ou seja, os mesmos elementos químicos pertinentes à vida terrestre estão espalhados por todo o Cosmo. Em nossos corpos estão cinzas de estrelas e mundos que deixaram de existir há bilhões de anos atrás.

Se a química do Universo é a mesma, não podemos pensar que a vida é um privilégio de nosso planeta. Em qualquer mundo onde as condições necessárias ao seu aparecimento existirem, ela brotará naturalmente como consequência. Mas em torno de que tipos de estrelas poderemos encontrar planetas com condições favoráveis ao aparecimento da vida e posterior evolução até formas avançadas?

Antes de mais nada, temos que nos preocupar com a pluralidade dos planetas. Durante muito tempo, chegou-se a pensar que a formação de planetas era um fato raro dentro do Universo, pois se admitia que os mesmos eram gerados mediante a passagem de uma estrela nas vizinhanças de uma outra, fato que provocaria uma ponte de matéria entre elas, mediante a qual se condensariam os planetas. Como estas quase colisões são raríssimas, o número de planetas seria extremamente pequeno.

Nos anos 50, um jovem astrônomo chinês chamado Su-Shu-Huang, interessado na possibilidade de vida extraterrestre, começou a estudar o problema da origem dos planetas. Após vários anos de estudo, apresentou as bases de uma nova teoria que explica ao mesmo tempo a origem dos sistemas planetários e das estrelas duplas e múltiplas, que após nascerem de uma mesma nuvem de matéria, continuam ligadas ao longo de suas vidas mediante a força gravitacional, girando em torno de um mesmo centro de gravidade.

Para este cientista, existem dois fatores determinantes na natureza de uma estrela quando nasce: o momento angular da nuvem geradora, e a quantidade de massa existente na mesma.

Poderíamos ter três alternativas a partir disso. Numa primeira se admite uma grande massa com momento angular moderado, situação que produziria uma estrela enorme de rotação rápida. Uma segunda possibilidade se estabeleceria a partir de uma nuvem de massa reduzida com grande momento angular, que daria origem então a um sistema de duas ou mais estrelas. A terceira supunha novamente uma massa reduzida, porém com momento angular moderado, que permitiria o surgimento de uma estrela de massa reduzida, com rotação lenta, acompanhada por um sistema de planetas.

Por volta de 1930, o astrônomo Otto Struve já havia constatado que as estrelas mais quentes, do tipo espectral O e B, giram mais rapidamente e apresentam um momento angular apreciável, enquanto as estrelas mais frias, das classes F, G. K e M, giram tão lentamente que é difícil mensurar suas velocidades. Segundo Su-Shu-Huang, seriam os planetas orbitando as últimas os responsáveis por tal diferenciação.

A astronomia hoje nos revela que nosso sistema solar foi formado a partir de uma nuvem de gás hidrogênio, alguma quantidade de hélio, outros elementos em menor quantidade e poeira cósmica. Mediante um processo de gravitação mútua dos elementos constituintes, pouco a pouco, com o passar de milhões de anos, foi sendo formado um acúmulo central de matéria, que a partir de determinada concentração crítica de matéria, geradora de alta densidade, permitiu o início das reações termonucleares, dando origem ao nosso Sol. Outras concentrações menores, da mesma nuvem, mediante também processo gravitacional, acabaram por dar origem aos demais planetas de nosso sistema solar. Este processo de formação de planetas certamente não foi um privilégio de nosso sistema. Hoje se admite, inclusive, a possibilidade da existência de planetas orbitando as chamadas estrelas duplas e múltiplas. Sendo que o maior número deles deve estar orbitando as estrelas de rotação lenta, dos tipos espectrais F, G, K e M, já mencionados há pouco, onde, inclusive, as condições seriam melhores para facilitar o aparecimento da vida e posterior evolução, já que tais estrelas além de terem uma vida bem maior que as dos tipos O, B e A, permanecem durante muito mais tempo num estado de equilíbrio, coisa fundamental para permitir a evolução da vida.

Devemos ter em mente, ainda, que a zona de habitabilidade em torno de uma estrela cai progressivamente conforme seu brilho é menos intenso. Assim uma estrela da classe M terá sua zona de habitabilidade extremamente inferior, por exemplo, a uma estrela como o nosso Sol, da classe G. Como as órbitas planetárias são elípticas, bastaria uma excentricidade maior para colocar periodicamente um possível planeta fora dos limites necessários à geração e manutenção da vida. Dito isto, podemos deixar de lado também as estrelas do tipo M, como prováveis candidatas a possuírem planetas onde a vida possa ter surgido e evoluído até formas avançadas, ficando só com as dos tipos F, G e K, onde as condições parecem ser extremamente favoráveis.

Os estudos e mensurações desenvolvidos até o final da década de 70 já revelavam que só entre as 100 estrelas mais próximas de nosso Sistema Solar, situadas num raio de apenas 22 anos-luz, tínhamos já 43 com possibilidades de estarem acompanhadas por um planeta com condições favoráveis à vida. Estes estudos pareciam indicar ainda que em 14 destas as chances eram realmente muito grandes.

Mas apesar de todas as mensurações e estudos desenvolvidos, a verdade é que foi apenas no ano de 1983 que os processos de formação de planetas extra-solares, hoje conhecidos mais como exoplanetas, ganhou um impulso definitivo. Nesse ano o satélite IRAS, trabalhando na faixa do infravermelho, detectou um disco de matéria em torno da estrela Vega, que está a cerca de 26 anos-luz de distância, na constelação de Lira, que os astrônomos identificaram como um sistema planetário em formação. Estudos posteriores parecem revelar inclusive já a existência de planetas orbitando a estrela.

No momento que escrevo estas linhas, ampliando as

informações do capítulo original da primeira edição desta obra, já estamos atingindo perto de 4 mil exoplanetas descobertos. Se de início estávamos encontrando apenas planetas gigantes, aparentemente gasosos, sem superfícies sólidas, agora já começaram a surgir segundo os astrônomos várias "Terras". Mundos com crostas e superfícies sólidas, semelhantes ao nosso planeta, e nas distâncias adequadas para permitir a presença de água, e o surgimento da vida e posterior evolução. E agora essa realidade não é mais uma estimativa, ou possibilidade.

Uma das últimas descobertas foram os planetas encontrados em torno da estrela Trappist-1, a cerca de 39 anos-luz de distância de nosso sistema solar, que é um pouco maior que Júpiter. No total foram localizados sete planetas orbitando esse sol, uma estrela anã.

As estimativas iniciais sugerem que os novos planetas têm massas semelhantes à da Terra e composições rochosas. Os dois, que apresentam diâmetros superiores, o primeiro (por ordem de proximidade da estrela) e o sexto, são 10% maiores que a Terra. Já os menores, o terceiro e o sétimo (o mais distante da estrela), são 25% menores que nosso planeta. A descoberta foi feita por meio de uma parceria entre astrônomos de várias partes do mundo, usando telescópios da Nasa e do ESO.

Os planetas extra-solares realmente estão sendo descobertos aos milhares. Algo que para alguns como eu e inúmeros cientistas de vanguarda fazia parte da realidade do Universo. Hoje me atrevo a afirmar sem nenhuma dúvida, ou receio de estar errado, que existem mais planetas no Cosmo que estrelas. Isso nada possui de uma possível fuga para o irreal, pelo contrário. Trata-se de uma estimativa baseada na quantidade de estrelas nas nossas vizinhanças cósmicas, onde conseguimos já enxergar, que existem planetas girando ao seu redor.

Se antes existiam aqueles que não aceitavam discutir a possibilidade da existência de vida no Universo por conta da falta de planetas além de nosso sistema solar, onde ela poderia existir, hoje a realidade é outra. Um ser muito especial, há mais de dois mil anos, segundo a Bíblia sagrada, já declarava em seu tempo a existência de muitas moradas na casa de seu Pai. Essa declaração possui – é claro, na visão do autor – uma ligação direta com o tema deste livro, e o responsável pela mesma uma interação direta com o fenômeno UFO.

Capitulo 2 – A realidade do fenômeno ufológico

> "É totalmente incorreto dizer que os OVNIs nunca foram vistos por pessoas cientificamente formadas. Alguns dos melhores e mais coerentes relatórios provêm de tais testemunhas."
> Dr. Joseph Allen Hynek, astrônomo, ex-diretor do departamento de astronomia da Northwestern University (EUA), consultor durante mais de 20 anos da Força Aérea Norte Americana dentro dos projetos de pesquisa ufológica, fundador do Center for UFO Studies (CUFOS) – EUA.

> "Observei com outros sábios, dois OVNIs em forma de charuto. Eram estranhamente rápidos."
> Dr. J. J. Kalizkewski, físico, especialista em raios cósmicos nos laboratórios da Marinha dos EUA.

Apesar da maioria de nossos astrofísicos aceitar plenamente a possibilidade da existência de vida em planetas de outros sistemas solares, continua existindo, não só por parte de muitos destes como também por alguns membros de outras áreas acadêmicas relacionadas, uma forte resistência à aceitação da presença extraterrena em nosso planeta.

A argumentação destes se baseia no fato das distâncias existentes entre as estrelas serem extremamente grandes, ainda mais se comparadas às velocidades passíveis de serem atingidas por uma astronave, relacionadas à limitação do próprio valor numérico da velocidade da luz, que é de aproximadamente 300 mil quilômetros por segundo. Pois, segundo nossa ciência, nenhum objeto pode atingir a velocidade da luz. Se tal coisa acontecesse, sua massa tenderia ao infinito. A velocidade possível de ser atingida por uma nave no máximo poderia ficar próxima dos valores da luz. Uma nave viajando, por exemplo, a 99,9% da velocidade da mesma, levaria quase 9 anos para vencer a distância entre a estrela Sirius, uma de nossas vizinhas, e a Terra, e isso para não falarmos de estrelas a milhares de anos-luz de distância de nosso sistema solar, mas ainda pertencentes à nossa galáxia.

Apesar deste tipo de limitação, a verdade é que o fenômeno ufológico não pode ser negado a partir do argumento de que não podemos explicar com facilidade sua presença em nosso planeta, pois a realidade deste é hoje cada vez mais difícil de esconder.

Desde o final da década de 40, inúmeros casos de contato demonstram que estamos diante de algo extremamente objetivo. Ao contrário do que os detratores do fenômeno divulgam, os OVNIs têm sido avistados inclusive por pessoas cujas qualificações técnicas não permitiriam qualquer tipo de interpretação equivocada dos fatos observados.

Apesar de pouco divulgado, entre as testemunhas do fenômeno estão inclusive curiosamente vários astrônomos. O próprio descobridor do planeta Plutão, Clyde Tombaugh, foi um dos que teve oportunidade de avistar os OVNIs.

Uma outra classe de pessoas, cujas qualificações são indiscutíveis, a dos astronautas, é a responsável pela maior porcentagem relativa de avistamentos. Desde que John Glenn Jr., o primeiro astronauta norte-americano a chegar ao espaço, teve oportunidade de observar vários destes objetos nas proximidades de sua nave em fevereiro de 1962, os OVNIs têm sido presenças marcantes nos voos espaciais norte-americanos. A mesma coisa podemos dizer também em relação aos russos. Apesar de divulgados com certa "naturalidade" no início do programa especial, os contatos dos astronautas, com o passar das décadas, foram cada vez mais censurados. Não antes, entretanto, que várias fotos batidas pelos astronautas fossem divulgadas.

O número de pilotos comerciais e militares que já observaram as aparições dos chamados discos voadores também é extremamente grande, e um dos casos mais interessantes aconteceu no Brasil na madrugada do dia 8 de fevereiro de 1982, quando toda a tripulação e a quase totalidade dos passageiros, cerca de 150 pessoas, de um boeing 727/200, que fazia o voo 169 da Vasp, do Nordeste para o Rio de Janeiro e São Paulo, ficaram frente a frente com o fenômeno.

Após uma hora e vinte minutos da decolagem, o comandante do voo, Gerson Maciel de Britto, com mais de 20 mil horas de voo, nota a presença à esquerda do avião de um foco de luz bastante intenso, que acompanharia o boeing até as proximidades do Aeroporto Internacional da cidade do Rio de Janeiro.

O OVNI, de forma lenticular, apresentava alterações de cor, predominando na periferia o vermelho e o laranja, tendo no resto de sua estrutura as cores azul e branco.

Em meio ao acompanhamento do avião, o não identificado apresentava movimentos longitudinais e verticais em relação ao boeing, atingindo, quando da maior aproximação, cerca de 8 milhas de distância. O OVNI foi reportado também pelas tripulações de mais dois vôos comerciais, sendo um da Transbrasil e o outro da Aerolíneas Argentinas. Este caso foi divulgado por jornais e revistas do mundo inteiro.

Existem também muitos casos em que milhares de pessoas simultaneamente tiveram oportunidade de observar o fenômeno, como aconteceu no dia 17 de setembro de 1985, sobre Buenos Aires, quando um aparelho de forma discoidal, com diâmetro estimado em torno de 30 metros, pôde ser observado durante vários minutos a partir da capital. Além de fotografado por várias das testemunhas, o OVNI foi filmado em vídeo por um dos canais da televisão local.

Mais recentemente, na noite do dia 21 de dezembro de 1988, era a vez da população de Montevidéu, a capital do Uruguai, presenciar o fenômeno. Durante mais de 30 minutos pôde ser observado no céu da cidade um objeto de grandes dimensões, que apresentava uma forma arredondada, com uma emissão de luz na cor branca, tendo na sua parte central cor vermelha, semelhante à do fogo. Segundo várias das testemunhas que observaram o OVNI, ele parecia girar em torno de si, não apresentando qualquer forma de ruído.

O aparelho, que começou a ser observado por volta das 20 horas, 40 minutos depois começou a se distanciar, passando a ser visto como um pequeno ponto luminoso, até que pouco depois desapareceu, perdendo-se entre as estrelas.

Mesmo no interior do Brasil existem casos, também, em que milhares de pessoas simultaneamente tiveram a chance de testemunhar as aparições dos discos voadores. Um dos casos mais espetaculares aconteceu na noite do dia 7 de dezembro de 1975, na localidade de Harmonia, um distrito do município de Montenegro, no Rio Grande do Sul. Uma das testemunhas, o então deputado federal Arlindo Kunsler, descreve o sucedido:

> Eu nunca acreditei em discos voadores. Depois de 7 de dezembro de 1975, mudei de ideia. O que eu vi — e três mil pessoas viram — foi sensacional. Naquela noite, estando o congresso em recesso, eu visitava Harmonia para rever parentes e amigos. À noite, por volta das 11 horas, estava conversando com dirigentes da Cooperativa dos Suinocultores, quando fomos chamados por vozes que vinham da rua: 'olha só o que apareceu no céu'. Fomos ver. Como a vila é pequena, toda a população estava na janela ou na rua, olhando para o alto. Então vimos um objeto luminoso, com uma circunferência de 5 metros, cor de fogo, emitindo feixes de luz e fazendo evoluções. O espetáculo durou perto de duas horas.
> Enquanto algumas pessoas entravam em pânico, outras dez procuravam suas máquinas fotográficas. No nervosismo geral, ninguém conseguia operá-las. Pedi calma e tentei achar entre os presentes quem tinha uma máquina com maior abertura e menor velocidade. Aí apareceu o professor Pio José Rambo, com sua máquina Kônica. Fizemos as fotos. Só então observa-

mos que o objeto voador após suas evoluções voltava sempre ao mesmo ponto — mais ou menos por cima de um bosque de eucaliptos. Observando melhor, notamos, parado no espaço, um enorme objeto menos luminoso, semelhante a uma grande tábua flutuante. Era em direção a essa "tábua flutuante" que o objeto ia e vinha. Resolvemos, eu e o professor, fotografar a mesma. Antes, tentamos pelo telefone chamar a Base Aérea de Canoas. Eles não podiam se deslocar até Harmonia. Depois que tudo acabou, mandamos revelar os dois filmes em Porto Alegre. Infelizmente só fiz uma foto em que aparece o objeto maior. Algumas cópias foram para a Base de Canoas e, ali pessoas que entendem do assunto, disseram que o objeto maior deveria ter 600 a 700 metros de comprimento.

Ao observarmos a foto da "tábua flutuante", temos logo a atenção chamada pelo que parecem ser vigias, janelas. Sem dúvida alguma, Harmonia e sua população viveram um dos mais sensacionais casos de contato da ufologia mundial.

Existem também milhares de casos em que os OVNIs, após pousarem, deixaram evidências físicas de suas presenças. Essas marcas aparecem na forma de depressões causadas por alguma espécie de trem de pouso, ou pelos objetos, quando aterrisam diretamente sobre o solo. Algumas vezes a vegetação é encontrada queimada, ou amassada, em alguns casos em sentido giratório. É também normal o solo ser encontrado totalmente desidratado. Apesar de não ser muito comum, dentro da casuística ufológica mundial, existem contatos deste tipo em que foram encontrados sinais de radioatividade. Já durante uma onda ufológica ocorrida em 1971 na Finlândia, quando vários OVNIs estavam sendo avistados, após um pouso de um destes objetos nas proximidades da cidade de Kuusamo, foi encontrada uma depressão oval com dois metros de largura, por três de comprimento, cujo fundo guardava uma cobertura de gelo esverdeado. Amostras do material revelaram, quando analisadas na Universidade de Oulo, alta condutividade elétrica, cerca de 30 vezes superior à das amostras de gelo retiradas das imediações do local do pouso.

As evidências fotográficas e cinematográficas, apesar de muito polêmicas, hoje já podem ser consideradas como algo objetivo a favor da existência do fenômeno, pois já dispomos de métodos de análise suficientemente aperfeiçoados para separar as fraudes do material merecedor de credibilidade, destacando-se entre estes o processamento das imagens por computadores. Hoje já existem centenas e centenas de fotos e filmes, que após terem sido exaustivamente analisados, foram considerados documentos autênticos, confirmando-se a validade de vários casos de contato, onde a documentação fotográfica ou cinematográfica tinha sido o principal elemento fornecido pelas testemunhas como garantia da realidade de suas experiências.

Os casos de contato por radar são extremamente importantes também, pois mais uma vez caracterizam o envolvimento de algo objetivo, material. Um dos casos mais sensacionais aconteceu nos EUA na noite de 19 de julho de 1952. Simultaneamente, nas telas dos radares do Aeroporto Nacional de Washington, e da base da Força Aérea de Andrews, são percebidos alvos nitidamente não identificados. Momentos depois são notadas misteriosas "luzes" no céu; pilotos de linhas comerciais passam então a observar os fenômenos. Os objetos deslocavam-se lentamente, aproximadamente de 160 a 320 Km por hora.

Um inspetor de tráfico aéreo comunica a observação visual de "uma imensa esfera chamejante", precisamente onde era reportada nas telas de radar. Caças F-94 são então enviados para interceptação dos não identificados, que desaparecem voando a velocidades impossíveis de serem alcançadas por qualquer avião construído em nosso planeta. Um deles, segundo cálculos, atingiu cerca de 11.750 Km por hora. Tão logo os caças retornam à base, os OVNIs voltam novamente a desfilar no céu da capital norte-americana, onde ficam até 5h30 da manhã seguinte.

Uma semana após, no dia 26 de julho, os "discos" voltaram novamente sobre Washington. Albert M. Chop, na época adido de imprensa da USAF, encarregado da informação sobre OVNIs no Pentágono, narra o sucedido naquela noite memorável:

> Fui acordado pela meia-noite em 26 de julho por um telefonema para minha casa em Virgínia. Era o porta-voz da Força Aérea, dizendo que os controladores de tráfego aéreo estavam de novo a seguir um grande número de OVNIs sobre a área da capital, e assim fui até o aeroporto. Disse-me também que um número muito grande de jornalistas estavam 'a deitar nossas portas abaixo'. Pediu-me para tomar conta da situação assim que chegasse. Ao dirigir-me para o aeroporto, olhei para o céu e francamente não vi nada.
> Entrei na sala do radar. O alcance tinha uma cobertura de vidro fosforoso. Havia vários controladores de tráfego a vista. Pequenos marcadores de plástico identificavam os voos aéreos conhecidos; havia também vários "desconhecidos", e deslocavam-se depressa demais para serem aviões. Os movimentos eram erráticos. Deslocavam-se ao longo de um rumo definido e depois de repente desapareciam. Outros surgiam então.
> Fiz uma chamada para o posto de comando no Pentágono e pedi uma missão interceptadora. Disse à Imprensa que podiam observar o radar, e que estávamos à espera de uma interceptação. A revista "Life" pediu para fotografar o écran, a tela do radar, mas antes que pudessem se preparar, fomos informados que a missão interceptadora estaria a usar ordens classificadas e tive que mandar os jornalistas para fora da sala.
> Voltamos para o écran. Os dois F-94 apareceram na tela do radar pelas duas e quarenta da madrugada, mas ao mesmo tempo que eles surgiram, aconteceu uma coisa assustadora... Os sinais dos alvos desapareceram. Os nossos interceptadores voaram às voltas durante mais ou menos quinze minutos e voltaram à base com resultados negativos. Ao mesmo tempo

que nossos aviões deixaram o écran, os alvos reapareceram. Pelas três da madrugada telefonei para o posto de comando do Pentágono e expliquei a situação. Eles disseram: 'Esperem — uma segunda tentativa está a caminho'. Desta vez, os "desconhecidos" ficaram na tela e nós dirigimos os interceptadores para as leituras exatas da bússola. Dividimos o voo, sendo um para o norte e o outro para o sul.
O primeiro comunicou 'não vejo nada...' Podíamos ver que estavam a se deslocar perto do alvo. Red Dog2, como designamos o piloto indo para o norte, comunicou de repente, 'Agora vejo-os — estão à minha frente... Parecem enormes luzes brancas azuladas'. Podíamos ver pelo radar que estavam muito perto. Então uma segunda comunicação revelou. Ele estava um tanto excitado, e não o culpo por isso, comunicou, 'Estão todos à minha volta agora'. Uma pausa, depois: 'Parecem estar a vir para cima de mim...' Passaram alguns momentos e o último comentário que me lembro foi a voz do piloto quase implorando: 'O que é que faço?'. Bem, observamos os "desconhecidos": pareciam rodear o avião. Olhamos uns para os outros. Cerca de dez ou vinte segundos depois, ele comunicou, 'Estão se afastando agora'. Os OVNIs continuaram no écran até sábado de manhã.

Estas aparições sobre Washington marcaram profundamente a população da capital. Jornais de todas as partes do globo mencionaram as perseguições aos OVNIs por caças da Força Aérea Norte-Americana.

No Brasil, também por várias vezes os OVNIs já foram detectados através de radares, sendo o caso da noite do dia 19 de maio de 1986 um bom exemplo

Os fenômenos começaram em torno da cidade de São José dos Campos, no Vale do Paraíba, a 83 Km da cidade de São Paulo. Os avistamentos daquela noite começaram às 18h30, quando da torre de controle do aeroporto da cidade foram notados dois objetos luminosos de cor laranja, a quinze quilômetros de distância e 2000 metros de altitude, alinhados com o eixo da pista.

Às 19 horas o Centro de Controle de Aproximação de São Paulo, órgão que controla e orienta as aeronaves dentro de uma área terminal, num raio de 54 milhas, até a efetivação dos pousos, como também o Centro de Controle de Área, órgão que controla as aeronaves dentro das aerovias, rotas aéreas, confirmam para o Centro de Controle de Aproximação de São José dos Campos a detecção de três objetos não identificados na região.

Às 19 horas e 40 minutos, a partir da torre de controle de São José dos Campos, são avistados mais dois objetos, com movimentação no sentido norte para oeste, até que se posicionam acima dos dois primeiros, permanecendo em conjunto, imobilizados durante longo tempo. Às 20 horas, o Centro Integrado de Defesa e Controle de Tráfego Aéreo (CINDACTA), sediado em Brasília, já captava em suas telas oito alvos não identificados.

Às 20 horas e 30 minutos é observado, também a partir da torre de. São José dos Campos, mais um objeto esférico, de grande luminosidade, a cerca de 60 km de distância, em direção à serra do mar. Este se aproxima até distar apenas 20 km, afastando-se posteriormente, também detectado pelo radar.

Às 21 horas um avião Xingu, bimotor, da Embraer, pilotado pelo comandante Alcir Pereira da Silva, tendo a bordo o Cel. Ozires Silva, que deixava a presidência da empresa, para assumir a presidência da Petrobrás, se aproxima já em procedimento de pouso do Aeroporto de São José dos Campos. Ao constatarem visualmente a presença dos OVNIs, que continuavam a ser detectados nos radares, resolveram tentar perseguir um dos objetos, sem, entretanto, conseguirem uma maior aproximação. O OVNI, em determinado momento, simplesmente desaparece. Minutos depois o Xingu sairia em perseguição de um outro não identificado, muito luminoso, que emitia luz avermelhada e apresentava movimento em direção à cidade de Mogi das Cruzes, em baixa altitude. Antes do pouso os dois ocupantes do Xingu observariam ainda, quando sobrevoavam as proximidades da refinaria da Petrobrás, mais três objetos que se movimentavam também a baixa altitude, em direção à Serra do Mar.

Às 21 horas e 40 minutos, é observado visualmente a partir de São José dos Campos um objeto luminoso de cor amarela de grande dimensão, tendo a sua volta vários outros menores, que emitiam luz branca. Todos tinham a forma esférica. Minutos depois surge um outro com as mesmas características, juntamente com outros menores, alinhados em formação, sendo que o maior, de cor amarela, ocupava a posição central dentro da formação.

Em meio a tal acontecimento, são acionados então três caças F-5E da Base Aérea de Santa Cruz, no Rio de Janeiro, e três aviões do tipo Mirage F-103, da Base de Anápolis, em Goiás, que passam a tentar uma aproximação com os aparelhos.

Pilotando um dos F-5E estava o Tenente Kleber Caldas Marinho. Ele perseguiu durante vários minutos um objeto que emitia luz vermelha intensa, sem, entretanto, conseguir uma aproximação maior, tendo que abandonar a perseguição por falta de combustível.

O Capitão Anuindo Souza Viriato de Freitas, pilotando um dos Mirages, constatou através do radar de bordo as evoluções de um dos objetos. "Ele dava zig-zags em ângulos de 80 graus. Não conheço um aparelho capaz de dar curvas daquela maneira, a mil quilômetros por hora", declarou o aviador.

Mais sorte teve ainda o Capitão Márcio Brizolla Jordão, que pilotava um outro F-5E. Em determinado momento, em meio às perseguições, chegou a ser acompanhado por 13 objetos, sendo seis de um lado e sete do outro.

Os objetos que estavam inicialmente sobre a região de São José dos Campos, que haviam desaparecido com a chegada dos caças, voltaram a evoluir sobre a área após o retorno dos aviões às suas bases. O próprio Ministro da Aeronáutica, brigadeiro Moreira Lima, veio a público divulgar estes acontecimentos. Foram medidas velocidades de até 3.600 km/h, com movimentos horizontais, verticais, em zig-zag etc. Os tamanhos dos OVNIs variavam bastante, chegando até algo equivalente a um Boeing 727.

Segundo o capitão Basílio Baranoff, membro do Instituto de Atividades Espaciais do Centro Técnico Aeroespacial, que compilou todos os detalhes ligados a estes acontecimentos, os OVNIs voltaram a evoluir sobre a cidade de São José dos Campos na noite do dia 29 de maio, sendo novamente rastreados pelas instalações de radar, fato que não foi divulgado na oportunidade por nossas autoridades.

Na verdade, no final de maio e início de junho de 1986, várias outras aparições ocorreram, sendo muitas destas documentadas em vídeo, sobre as cidades do Rio de Janeiro, São Paulo etc. O Brasil recebia uma das maiores ondas ufológicas de sua história.

Diante da esmagadora evidência existente da presença extraterrena, é difícil de acreditar que os detratores do fenômeno possam estar se baseando apenas nas dificuldades relativas as viagens interestelares para negar o fato, e muito menos nos desmentidos dos governos relacionados à realidade do fenômeno, pois até isto já ficou totalmente desmoralizado.

Nos EUA, por exemplo, depois de décadas de despistamento por parte dos organismos governamentais, os ufólogos "descobriram" a Freedon of Information Act, a Lei de Liberdade de Informação, criada pelo Congresso Norte-Americano em 1966, que desde 1977 vem sendo usada para processar o governo, obrigando através da Justiça órgãos como a CIA, FBI, a Agência de Segurança Nacional, o Exército, Marinha e a própria Força Aérea Norte-Americana, a divulgar fatos e casos ufológicos, que comprovam não só a realidade da presença extraterrena, como a queda e o recolhimento dos destroços de discos voadores em solo norte-americano. Hoje já são mais de 3 mil páginas de documentos oficiais liberados, confirmando definitivamente a realidade do fenômeno.

As próprias limitações supostas no que diz respeito às

jornadas interestelares também começam a ser questionadas por alguns trabalhos de eminentes cientistas, que já estão trabalhando em cima de modelos teóricos capazes de levar o homem a viajar pelo universo vencendo distâncias inimagináveis em pouco tempo, através do chamado hiperespaço, uma espécie de dimensão paralela, onde a velocidade da luz teria valores da ordem de trilhões de quilômetros por segundo, permitindo velocidades muito maiores do que em nosso contínuo espaço-tempo. Interessante é que informações deste tipo estão sendo passadas para nossa humanidade também pelos próprios tripulantes dos discos voadores, através dos contatos diretos, confirmando que alguns de nossos cientistas estão realmente no caminho certo. Segundo algumas das informações recebidas em meio aos contatos com os tripulantes dos OVNIs, paralelas às propostas de alguns desses eminentes cientistas, dezenas de anos-luz poderiam ser vencidos em poucos minutos de nosso tempo. Na realidade, a maioria dos detratores da existência do fenômeno são movidos por interesses que nada têm a ver com a busca da verdade.

Capítulo 3 – Os discos voadores e suas bases submarinas

> O leito dos mares e oceanos pode constituir solução explêndida ao problema da base intermediária para os OVNIs, e mais segura do que uma base em qualquer dos hemisférios da Lua.
> Jacques Vallée, matemático, consultor da NASA na elaboração do mapa do planeta Marte.

Em alguns contatos ufológicos da era atual, contatados receberam informações sobre a existência de bases submarinas em nosso planeta. Neste capítulo vamos fazer um apanhado geral sobre o problema, procurando lançar um pouco de luz sobre o assunto.

Antes de mais nada, devemos ponderar sobre alguns pontos significativos. Muitas pessoas, "sábios apressados", consideram como um ponto negativo à existência do fenômeno ufológico, o grande número de avistamentos notificados nas últimas décadas. Segundo eles, seria totalmente ilógico que milhares de astronaves realizassem longas jornadas interestelares, vencendo os abismos cósmicos, para chegar à Terra e, após rápidos voos sobre algumas áreas, ou contatos mais diretos, mas ainda superficiais, retornassem a seus mundos.

Devemos dizer, antes de qualquer outra coisa, que esta linha de raciocínio tem suas falhas. Não podemos, de forma alguma, acreditar que os OVNIs cruzam os espaços interestelares através de uma tecnologia ao nível de nossa civilização, como já insinuamos no capítulo anterior. Poderiam cobrir distâncias fabulosas em questão de segundos.

Acreditamos, entretanto, que também seria lógico que civilizações interessadas em nosso planeta e na vida que nele habita, mantivessem aqui postos avançados de observação e controle. Os pontos escolhidos para implantação destes postos, verdadeiras bases de onde partiriam naves menos sofisticadas, deveriam estar localizadas nas áreas mais discretas, se possível onde nossa humanidade tivesse menos capacidade de agir. Que regiões cumpririam estas especificações? A resposta é clara: as profundezas submarinas, que ainda hoje são áreas de difícil acesso para nossa civilização.

As descrições e relatos, feitos por testemunhas oculares, de emersões e submersões de objetos voadores em nossos oceanos, mares etc. são numerosos.

Em 1980, várias pessoas tiveram a oportunidade de observar um objeto de cerca de cinco metros de diâmetro emergir das águas do rio Araguari, a 150 Km de Macapá (Amapá), pairar a cinco ou seis metros de altura e a cem da margem, depois subir lentamente até uma altura de duzentos metros, e ali ficar por quatro minutos, tomando depois o rumo do Oceano Atlântico.

Fato semelhante foi observado por Nelson Batista dos Santos, funcionário público federal. Numa madrugada de maio de 1952, observou em frente a Itaipuaçu (RJ), entre as ilhas do "Pai" e do "Filho", a emersão de um aparelho com vários metros de diâmetro. Depois de ter pairado por alguns momentos, rumou em direção à Barra da Tijuca.

Recuando no tempo, vamos a 1845. No dia 18 de junho, segundo o "Malta Time", foram vistos sair do mar três objetos luminosos a cerca de 800 metros do bergantim "Victória", que encontrava-se a 900 milhas de Ada-laia (Ásia Menor). Estes aparelhos permaneceram visíveis por dez minutos. Já aproximadamente à meia-noite de 24 de fevereiro de 1885, a 37° de latitude norte, 17° de longitude leste, o capitão do bergantim "Innerwich" foi acordado por seu imediato para que observasse algo insólito no ar — uma esfera luminosa — que acabou por submergir no mar.

Existem na realidade algumas áreas "endêmicas", onde desde o século passado são registrados inexplicáveis fenômenos, que poderiam estar relacionados a atividades submarinas sob o controle de outras humanidades.

Numa noite escura de maio de 1880, por volta de 11h 30, o vapor "Patha", da British Índia Company, atravessava o Golfo Pérsico. De repente, e sem que houvesse alguma explicação convencional, surgiram duas enormes "rodas" luminosas, uma de cada lado do navio; seus raios, tinham 500 metros de diâmetro aproximadamente. Sobre a superfície do mar, nada era observado. O fenômeno luminoso partia de algum ponto muito abaixo da superfície marítima. As "rodas" acompanharam o "Patha" por cerca de vinte minutos, depois dos quais se extinguiram.

Um ano antes, mais precisamente às 9h40 da noite de 15 de maio de 1979, o "Volture", da marinha britânica, encontrava-se a 26° de latitude norte e 53° de longitude leste, em meio ao Golfo Pérsico. Membros da sua tripulação, inclusive o comandante J. E. Pringle, observaram o mesmo fenômeno luminoso, que parecia partir das profundezas submarinas. Este fenômeno voltou a ser observado também pela tripulação do vapor "Kilma", a 4 de abril de 1901, precisamente na mesma área.

Às três horas da madrugada do dia 10 de junho de 1909, o vapor "Bitang", atravessava o Estreito de Málaca, entre a Malásia e Sumatra, quando mais uma vez o estranho fenômeno das "rodas" luminosas se fazia presente.

Uma outra região "quente" foi o Golfo de Omã. Lá também foram presenciadas estranhas manifestações luminosas, provenientes de algo que estava sob o mar.

O Triângulo das Bermudas

No dia 5 de dezembro de 1945, às 14h10, cinco aviões TBM Avengers deixavam sua base em Fort Laudedale, Flórida, em uma missão de treinamento. O chamado voo 19. No total nove homens formavam a tripulação dos mesmos. O tempo estava bom, com sol banhando as águas do Atlântico, enquanto uma leve brisa empurrava algumas poucas nuvens.

O regresso estava previsto para as 16 horas. Às 15h 45 o comandante da esquadrilha, tenente Taylor, chama a torre de controle do vôo demonstrando estar perdido, e sob forte impacto emocional. Ele declara: "... Está tudo mal... estranho... Até o aspecto do oceano é diferente...". Pouco tempo depois levanta vôo um hidroavião "Martin Mariner" em missão de salvamento, levando 13 homens a bordo. Aproximadamente 30 minutos depois a tripulação do mesmo reporta que se aproxima da última posição presumível dos Avangers. Foi a última comunicação recebida do "Mariner". Na madrugada seguinte, 242 aviões, 18 navios e o porta-aviões "Solomons" participam da maior operação de busca e salvamento realizada até então. Apesar de toda a grandeza da operação, nada foi encontrado.

Desaparecimentos deste tipo, entretanto, já vinham acontecendo nas águas do Triângulo desde muito tempo antes. Um dos mais interessantes é o caso do "Cyclops", o maior navio de transporte de carvão da marinha norte-americana na época, que desapareceu em março de 1918 com uma tripulação de 309 homens e um carregamento de magnésio, entre Barbados e Norfolk. O último contato radiofônico não fazia menção a qualquer tipo de problema a bordo. O "Cyclops" desaparecia com tempo bom e mar calmo, não lançando nenhuma mensagem de socorro. Mais uma vez as buscas foram infrutíferas.

Mesmo um submarino nuclear, no caso o "Scorpion", também da marinha norte-americana, desapareceu na mesma região em maio de 1968, quando retornava de manobras no Mediterrâneo. A bordo seguia uma tripulação de 90 homens, dos quais nunca mais se teve notícia.

Além de perturbações magnéticas, desaparecimentos de embarcações e aviões com suas tripulações, a região do Triângulo do Diabo, como é conhecida também, é rica em outros mistérios. No dia 8 de agosto de 1956, por exemplo, o "Yamacraw", da Guarda Costeira norte-americana, navegava a nordeste das Baamas, tendo a bordo cerca de 150 homens. Aproximadamente às 3h30 da madrugada a tripulação começa a observar uma enorme massa que veda totalmente o horizonte. Com o passar dos minutos a embarcação começa a navegar no longo da "parede", cuja base parecia flutuar meio metro acima do oceano. O comandante da embarcação acaba por ordenar que o "Yamacraw" penetrasse na "coisa". A temperatura e a humidade permanecem as mesmas, confirmando que não se tratava de um nevoeiro convencional. Repentinamente as máquinas param de trabalhar e os tripulantes começam a tossir, mas logo depois esse antigo draga-minas da Segunda Guerra Mundial deixava o "nevoeiro". Tudo voltava ao normal. Com o nascer do sol aquela estrutura desaparecia sem deixar o mínimo vestígio de sua presença. Nessa mesma madrugada pensou-se observar uma grande superfície de terra aproximadamente a 28 milhas da embarcação, entretanto, o "Yamacraw" estava na verdade a 800 milhas da República Dominicana (a terra mais próxima). Até hoje não foi encontrada qualquer explicação lógica para estes fenômenos.

Várias foram as teorias criadas para explicar os fenômenos estranhos ocorridos no chamado Triângulo das Bermudas. Entretanto, a lógica nos impede de aceitar a maioria delas, pois não são capazes de explicar a totalidade dos desaparecimentos. Em alguns casos apenas as tripulações somem, enquanto o resto da equipagem (barcos, alimentos etc.) permanece intacta. Ou seja, fica claramente demonstrado que existe uma inteligência por trás dos fenômenos. A propósito, devemos lembrar que esta região é uma das áreas onde, segundo as informações recebidas através dos contatos ufológicos, estaria localizada uma base UFO. A região do Triângulo realmente apresenta intensa atividade ufológica.

Em Porto Rico, em 1972, tivemos uma das maiores "ondas" ufológicas da história do fenômeno. As aparições dos discos voadores eram tão contundentes que provocavam várias vezes engarrafamentos gigantescos. Alertados pelas estações de rádio, os motoristas simplesmente abandonavam seus carros e passavam a observar formações inteiras a desfilar pelo céu. Nas Baamas, no Haiti, na República Dominicana, em Cuba, nas Caraíbas e Bermudas, observar os OVNIs deixou de ser algo raro.

Em 1963, durante manobras navais efetuadas a sudoeste de Porto Rico, um objeto submarino que se deslocava a mais de 150 nós teria sido seguido durante quatro dias por um contratorpedeiro e mais tarde por um submarino da marinha dos EUA. Foi impossível identificar a real natureza do aparelho. Não raro são observados objetos não identificados a evoluirem sob as águas da região.

Na Flórida, um dos extremos do Triângulo, a atividade dos discos também é bastante acentuada. Em 15 de dezembro de 1975 centenas de pessoas da pequena cidade de Saint Johns River, observaram as evoluções de um destes objetos, que não raras vezes se aproximam de Cabo Kennedy. Em 10 de janeiro de 1964, um destes aparelhos seguiu por cerca de quinze minutos um míssil Polaris.

Mais recentemente, a partir de 1987, muitas pessoas da cidade de Gulf Breeze, também na Flórida, têm relatado avistamentos dos chamados discos voadores. Uma destas inclusive, que alega ter tido vários contatos, apresentou para os pesquisadores que se interessaram pelo caso, além de várias fotos, um vídeo documentando uma das naves em vôo. O Dr. Bruce S. Maccabee, físico da marinha norte-americana, um dos maiores especialistas em análise de fotografias ufológicas, após estudar as fotos e o próprio vídeo, deu parecer positivo quanto à autenticidade do material.

A ligação entre os desaparecimentos e os OVNIs parece ser cada vez mais evidente. Nos dias em que vários destes ocorreram, por "coincidência", discos voadores foram observados na região.

O Mar do Diabo

Há outras áreas em nosso planeta onde verificam-se fenômenos semelhantes aos do Triângulo das Bermudas. O Mar do Diabo, a sudoeste do Japão, entre as ilhas Iwo Jima e Marcus, é uma destas.

Da mesma forma que sua correspondente ocidental, lá também ocorrem desaparecimentos misteriosos e perturbações magnéticas de origem desconhecida. O caso mais interessante foi o do navio "Kayo Marcus", enviado pelo governo japonês para tentar desvendar o mistério e que, como muitos outros, nunca mais retornou daquela região, desaparecendo sem deixar vestígios.

Uma outra área ativa, situada ainda no Japão, é a região em torno da ilha de Oshima, localizada ao sul de Tóquio, na entrada da Baía de Sagami Nada. De tempos em tempos vem sendo observado em torno desta um anel luminoso, que parece ter origem submarina. O mais interessante é que o aparecimento do "fogo mágico", como passou a ser conhecido o fenômeno, tem sido seguido por "vagas" de objetos voadores não identificados, que se deslocam rumo ao centro do fenômeno (Oshima), onde estão ruínas do lendário "Reino do Sol", que segundo a tradição local, estaria ligado a "grandes sábios descidos do céu".

Continuemos ainda com o "fogo mágico". Na noite de 1º de agosto, independentemente das condições climáticas, este estranho fenômeno vem se repetindo periodicamente nos últimos mil anos na costa de Kiushu, localizada a leste de Nagasaki. Curiosamente, lá também encontramos ruínas (tumbas) milenares do já citado "Reino do Sol", enfeitadas com desenhos que parecem representar naves de forma discóide. Estes fatos nos fazem recuar em muito às ligações do fenômeno OVNI com esta região.

No Adriático

A partir de 1974, começaram a ocorrer também no Mar Adriático, mais precisamente e de maneira mais intensa na região costeira de Abruzzi, Itália, fenômenos magnéticos inexplicáveis. Numerosos desaparecimentos passaram também a ser registrados, notadamente de pequenos barcos pesqueiros, e apesar das buscas realizadas não se encontrava sinais dos mesmos.

1974 é também o ano em que se começou a registrar intensa atividade ufológica na área, o que serviu para tornar a situação mais explosiva. Ainda no mesmo ano surgiram enigmáticas manifestações luminosas, acompanhadas de ondas enormes.

Em novembro de 1978 os fenômenos tornaram-se ainda mais ativos, a ponto de pescadores das regiões entre as cidades de Pescara e São Benedito Del Tronto, localizadas respectivamente em Abruzzi e Marche, recusarem-se a entrar no mar. A própria marinha italiana viu-se totalmente perdida.

"Aqui lancha CP 2018 ... Notando sinal lilás que sobe e desce do mar e aponta para o alto ... Vamos para o local ... Estamos no local ...Não há vestígios de naves ou embarcações ... O sinal parecia uma faixa luminosa, mas agora tudo está escuro." Esta transmissão de uma lancha-patrulha da marinha italiana foi captada durante uma noite, "quente" em novembro de 1978, por um radioamador.

Na noite de 11 de novembro (1978), precisamente entre Pescara e São Benedito Del Tronto, pôde-se ver no horizonte marítimo uma faixa de luz vermelha, bastante intensa, a ponto de ofuscar em determinados momentos os olhos dos observadores. Após 45 minutos este fenômeno extinguiu-se, dando lugar, por cerca de dez minutos, a manifestações luminosas azuladas, acompanhadas de estranhos ruídos. Estes fenômenos continuaram durante vários dias. Na realidade antecederam algo fantástico. A Itália viu-se dias depois mergulhada numa "onda" de aparições de aparelhos voadores não identificados que, provenientes precisamente do Adriático, sobrevoavam o continente.

Pescara, Arezzo, Roma, Terano, Luciano, Chieti, Compobasso, Palermo, entre outras, foram sobrevoadas. Milhares e milhares de pessoas nestas cidades e em outras estiveram frente a frente com os discos voadores. Fotos foram batidas, filmes rodados. Na noite de 21 de dezembro (1978) Elias Faccin, fotógrafo profissional, conseguiu talvez as mais importantes fotos daquela "onda". Ele documentou em todos os detalhes a emersão de OVNIs das águas do Adriático, na região costeira de Pescara, demonstrando de maneira definitiva a origem daqueles objetos.

Ao estudarmos de maneira mais detalhada o Adriático, entretanto, constatamos que este não possui grandes profundidades. Estas giram em torno de 50 a 200 metros. Pelo menos a nível teórico seria difícil manter camuflada uma base ufológica na região. Mas talvez a chave deste mistério tenha sido dada aqui no Brasil. Luli Oswald, durante sua experiência de 4° grau (sequestro), ocorrida na região de Jaconé, no litoral do Estado do Rio de Janeiro, recebeu informações sobre a existência de um túnel cuja entrada estaria localizada sob o mar, nas proximidades da costa da Patagônia, na Argentina, que se comunicaria com um "outro mundo". Estas informações parecem corroboradas pela própria incidência acentuada de OVNIs nos golfos de São Matias e São Jorge, ambos no litoral da Patagônia, onde inclusive já foram observadas também emersões e submersões de discos voadores.

Voltamos a falar do Adriático, lembrando do fenômeno ocorrido em suas águas nas proximidades de Brioni, em 5 de agosto de 1958: grandes colunas de água subiram do mar em direção ao céu, como se estivesse havendo um bombardeio.

As autoridades militares da região confirmaram na época que nenhum tipo de exercício estava sendo realizado na oportunidade na região. Estaria este fenômeno ligado à abertura de alguma espécie de túnel, que faria a comunicação de uma instalação subterrânea, intra-terrena, com regiões submarinas no Adriático?

Referências a túneis que ligariam "nosso mundo" com instalações, bases ufológicas, aparecem em vários outros contatos. Uma das experiências mais interessantes ocorreu no dia 3 de janeiro de 1979, com Filiberto Cardenas, após ter sido sequestrado na Flórida (EUA). Filiberto narra:

> Iam me examinando enquanto a nave continuava em seu vôo; então, uma parede se abriu e pude observar um salão com várias telas de TV, cujas imagens estavam sendo projetadas aparentemente em terceira dimensão. Um ser humano trajando uma capa verde e tendo ao pescoço um colar com uma espécie de medalhão trabalhava ali. Tal medalhão era uma réplica de uma pirâmide pequena. Na poltrona ocupada pelo chefe, mais botões, ligados àqueles aparelhos de televisão. Ele falava comigo, mas eu sei que não ouvia — era telepatia.
> Foi uma coisa estranha, pois quando a nave ia se deslocando eu ia observando imagens de vários países, nas telas. Depois de algum tempo de viagem, a nave desceu em algum lugar e eu fui passado para outra de tamanho menor. Eu estava paralizado e tinha um robô a meu lado. Fomos até uma praia deserta, onde o robô saiu para fora. Observei quando ele pegou uma espécie de revolver e o apontou para uma parede rochosa. A montanha se abriu e vi outras naves saindo do interior. Aquela onde eu estava não era maior que um Volkswagen sedan, com um vidro grande à maneira de parabrisa.
> Em seguida mergulhamos no mar, cujas águas iam-se abrindo, sem contato direto com o corpo da nave. Seguimos em grande velocidade até um grande túnel subaquático muito iluminado que dava para uma caverna alta e seca. Ali me fizeram sair e me sentaram

num banco, de onde pude observar um desenho de uma serpente na parede. Ao lado, uma porta se abriu e uns seres pequenos dela saíram, e começaram a me olhar. Um deles me. tocou no braço e, falando em espanhol, foi-me explicando algumas coisas. Enquanto ele falava íamos caminhando e, ao passarmos por uma espécie de abertura entre as rochas, pude visualizar uma cidade, com ruas, casas e tudo o mais. Chegamos a uma casa daquela cidade e eu fui como que "prensado" contra a parede; mas nada me prendia, segundo eu podia ver. Essa parede foi se mexendo até se converter numa espécie de mesa onde eu me sentia deitado, nu e paralizado. Do teto, cabos pendiam sobre mim e eu percebi as presenças de outras pessoas à minha volta, como se me estivessem examinando. Terminado aquele exame, fui levado para uma espécie de auditório, onde eu não conseguia ver ninguém; mas "sabia" que estavam me observando, por algum tipo de vidro mediante o qual a gente vê mas não é visto, como aqueles "espelhos" da polícia.

Algum tempo depois, que Filiberto não soube precisar, ele foi embarcado em uma outra nave que acabou por deixar o contatado a cerca de 16 Km do ponto onde ocorrera o sequestro, sendo encontrado vagando sem rumo por um patrulheiro rodoviário.

Nossa civilização, como estamos observando, terá que se acostumar com a ideia de dividir o planeta com outras humanidades, pois aparentemente os extraplanetários já estão bem estabelecidos, e talvez há muito mais tempo que poderíamos imaginar.

Essa questão da existência de instalações alienígenas de grande porte em "nosso" planeta, não só no aspecto das que possuem entradas físicas abaixo do nível dos mares e oceanos, mas também daquelas que estariam localizadas nos subterrâneos da Terra, em regiões continentais, cujas entradas, ou acessos, seriam mediante o que podemos chamar de "portais", acabaram com o passar dos anos representando uma realidade explosiva para as grandes potências mundiais. Com a constatação objetiva por parte dos governos das principais nações de que de fato já estávamos dividindo o planeta com outras civilizações cósmicas, ficou mais difícil ainda a retirada do acobertamento sobre a realidade do fenômeno UFO e da presença extraterrestre. Essa realidade acabou por se tornar o aspecto mais decisivo e sem solução para as grandes potências poderem admitir de uma forma objetiva a realidade que nos envolve.

Como revelar oficialmente a presença dos alienígenas dentro dessa amplitude? Seria, pelo menos no atual estágio da humanidade, algo sem qualquer possibilidade, pois tal divulgação destruiria totalmente por inúmeras razões e desdobramentos, o sistema de sociedade que temos nos dias atuais.

Um programa gradual de informação da população do planeta tem que ser desenvolvido progressivamente, e isso já começou a acontecer, inclusive no Brasil, com o início do processo de retirada do acobertamento, mesmo que isso ainda esteja sendo realizado de forma lenta e superficial, dentro, inclusive, das principais potências mundiais. De todas as nações a mais resistente a essa realidade continua a ser os EUA, pois são eles os detentores na atualidade de uma espécie de domínio planetário, que ficaria sem qualquer forma de sentido frente à verdade.

Capítulo 4 – Ovnis na Serra da Beleza

> "Senti uma forte pressão, olhei para cima, e vi um objeto luminoso com a forma de duas bacias acopladas, parado por cima... Eu e minha cunhada tentamos pedir socorro, mas o disco roubava nossas vozes...".
>
> De uma testemunha das aparições dos discos voadore na região.

Em 1982, tomei, juntamente com o restante da diretoria da Associação Fluminense de Estudos Ufológicos, a decisão de buscar uma área de razoável incidência ufológica, com o objetivo de tentar estudar o fenômeno de maneira mais direta. Nosso desejo era manter um acampamento semipermanente numa região realmente rica em aparições dos chamados discos voadores, pois já considerávamos fundamental a ufologia deixar de depender em seus estudos e avaliações exclusivamente dos depoimentos e materiais gerados por pessoas sem ligação com o estudo do problema.

No Estado do Rio de Janeiro, como em outras partes do Brasil e do planeta, existem inúmeras dessas áreas, onde, possivelmente, por motivos diferentes, a presença dos extraterrestres e suas naves têm sido constatada de maneira objetiva. Entre estas regiões estão áreas ricas em determinadas jazidas minerais, locais onde existem falhas geológicas, instalações nucleares etc.

Para início de nossos trabalhos, foi escolhida a região da chamada Serra da Beleza, entre os distritos de Conservatória e Santa Isabel do Rio Preto, pertencentes ao município de Valença, a cerca de três horas de carro da cidade do Rio de Janeiro.

Começamos a tomar conhecimento dos fenômenos na área a partir de 1980, quando após uma conferência proferida por este autor no Clube Naval, na capital do Estado, um dos assistentes prestou um depoimento público a respeito de um avistamento tido pelo próprio, juntamente com outras pessoas, confirmando ainda que, segundo havia sido revelado para ele, na região, as aparições dos discos voadores eram corriqueiras.

Depois de vários meses de preparação, ligados principalmente às tentativas de obtermos permissão para montagem de nosso primeiro acampamento, partimos no dia 8 de maio de 1982 para Conservatória, com o objetivo de encontrar um influente político da região, que nos conduziria até uma fazenda, no ponto mais alto da chamada Serra da Beleza, a cerca de 1000 metros de altitude. Ao chegarmos à mesma, prontamente tomamos o cuidado de mapear os pontos da estrada que corta a região, que podiam ser observados a partir de nossa posição, onde um carro à noite, com os faróis ligados, visto a uma razoável distância, poderia gerar alguma interpretação equivocada. Faziam parte deste primeiro grupo de pesquisadores, além do autor, Wanda Campos, Luiz Carlos Dantas e Antônio Pereira Rocha Filho.

Por volta das 20 horas, cada um de nós já observava uma área específica do céu. As condições de visibilidade não podiam ser melhores. A partir de nosso acampamento podíamos observar montanhas que ficavam já no Estado de Minas Gerais.

Às 22 horas e 10 minutos tivemos aquele que seria nosso primeiro avistamento na região. Notamos um objeto voador discoidal emitindo luz intensa de cor vermelha, a 4 Km a oeste de nossa posição. No momento de nosso primeiro contato visual o aparelho estava a cerca de 200 metros de altura em relação às ondulações montanhosas da região. O

OVNI se movimentava com rota definida, apresentando movimentos pendulares, a baixa velocidade e com intensidade luminosa variante, chegando nos momentos de menor velocidade a quase desaparecer. Como a noite estava limpa e apresentava, como já afirmamos, boa visibilidade, todos puderam acompanhar durante aproximadamente cinco minutos a trajetória do aparelho em direção sul, até que desapareceu ao se aproximar de uma grande montanha rochosa. No dia seguinte voltamos para a cidade do Rio de Janeiro, certos de que o fenômeno era uma realidade na região. Estávamos decididos a implementar definitivamente um projeto de pesquisa e tentativa de contato.

A partir de nosso primeiro avistamento, realmente nos fixamos na Serra da Beleza, e começamos a desenvolver nossas pesquisas. Tivemos ainda em 1982 outros avistamentos. A partir do mapeamento das trajetórias dos OVNIs, e de alguns depoimentos de testemunhas locais, descobrimos que existem pontos específicos onde os fenômenos muitas vezes começam. Aparentemente, pontos de materialização, através dos quais os objetos penetram em nossa dimensão. Não sabemos ainda se emergindo de uma base ufológica hiperfísica, subterrânea, ou se estes "portais" servem de "janelas" para naves que estão chegando ao planeta em viagens feitas através do hiperespaço, penetrando através dos mesmos em nossa dimensão física.

Um outro fato interessante com que travamos contato ainda no mesmo ano (1982), foi a falta de interesse aparente dos operadores dos fenômenos em vê-los documentados. Sempre que estávamos com equipamentos fotográficos e cinematográficos os OVNIs simplesmente não apareciam, ou os fenômenos, pelas circunstâncias em que se apresentavam, não permitiam qualquer tipo de documentação. Devido a essa situação, com o passar do tempo deixamos de lado essas tentativas, na esperança de termos contatos mais próximos. Antes que assim procedêssemos, entretanto, aconteceu algo que ainda hoje questiono se foi uma mera coincidência.

No carnaval de 1984, em mais um período em que estávamos acampados na Serra da Beleza, depois de alguns acampamentos realizados sem que tivéssemos levado qualquer tipo de material fotográfico ou cinematográfico, havíamos resolvido levar ainda mais uma vez uma máquina fotográfica.

Estávamos já na noite de domingo, e as condições metereológicas que desde nossa chegada eram as piores, permaneciam. Não tínhamos observado qualquer tipo de fenômeno ainda. Um pouco antes das 22 horas, comentei com um dos presentes, que estava a meu lado na varanda da barraca principal, o único que juntamente com este autor estava acordado, que se fosse por causa da presença da máquina fotográfica, a partir daquele momento os OVNIs podiam aparecer normalmente, pois mesmo que isto acontecesse, não tentaria obter nenhuma fotografia. Ao mesmo tempo que fazia esta comunicação ao meu companheiro, conscientemente pensava na possibilidade desta minha decisão chegar mentalmente aos responsáveis pelos fenômenos. Feito isto, imediatamente guardei a câmera no interior da barraca. Instantes depois fomos surpreendidos pelo aparecimento de duas esferas luminosas de intensa cor vermelha, que apresentavam diâmetro aparente vistas de nossa posição correspondente a 1/3 da Lua. Estes objetos aproximaram-se até cerca de 800 m do acampamento, após terem surgido nas imediações de um dos "portais".

Depois de terem apresentado movimento em conjunto por cerca de quinze segundos, a partir do ponto em que começaram a ser observados, um deles parou a cerca de 100 metros do solo, enquanto o outro fazia evoluções ao seu redor a uma pequena distância, até que pouco depois desapareceu.

O objeto que estava imobilizado, entretanto, permaneceu visível ainda durante muito tempo sem apresentar qualquer variação de brilho. Depois que estávamos avistando o mesmo por mais de dez minutos, dei uma piscada com minha lanterna na direção do aparelho, que imediatamente apresentou uma queda brusca de luminosidade, voltando logo em seguida a apresentar um brilho constante.

Continuamos a observar o OVNI ainda durante vários minutos, até que de maneira repentina este desapareceu, se desmaterializando, ou eliminando seu campo luminoso, para não voltar a ser avistado.

Já no final de 1985, tomei a decisão de residir em Santa Isabel do Rio Preto, com o objetivo de intensificar ainda mais nossas atividades na região. A partir desta nova situação percebemos que boa parte da população local tinha já tido oportunidade de ficar frente a frente com os discos voadores. Apresentamos em seguida alguns destes casos levantados em meio nossas pesquisas.

Os contatos da população local

Pelos levantamentos que fizemos, os fenômenos na região começaram a se acentuar por volta do início da década de 70. Conseguimos, entretanto, obter depoimentos reportando avistamentos em épocas mais recuadas.

No final da década de 60, por exemplo, o tenente do exército Moacyr Lopes de Carvalho, que mantém propriedade em Santa Isabel do Rio Preto, dirigia um caminhão do Exército, acompanhado por um soldado, na estrada que liga Conservatória a Santa Isabel. Por volta das 23 horas e 15 minutos de uma noite de céu limpo, observou pousado sobre o topo de uma montanha da Fazenda Jaraguá um objeto luminoso com a forma de um ovo. A testemunha nos revelou que acordou o seu acompanhante e parou o caminhão, observando o aparelho por cerca de dez minutos, a uma distância de 300 metros. O objeto, apesar de muito luminoso, não clareava a área em volta. Em meio a tal acontecimento, lágrimas corriam dos olhos da testemunha, que nos relatou ainda ter ficado com o "cabelo arrepiado". Depois de observar o aparelho pelos já mencionados dez minutos, seguiu viagem.

Um outro caso bastante antigo foi o do Sr. Alípio Lauriano. A testemunha observou, em um dia do mês de maio, no final também da década de 60, a partir da porta de sua casa, por volta das 11 horas da manhã, um objeto de forma discóide, um pouco menor que um fusca, evoluindo a cerca de 400 metros de distância, por cima de uma plantação de milho. Alípio pôde observar por cerca de cinco minutos as evoluções do aparelho, que emitia um ruído semelhante ao produzido por uma moto, só que mais acelerado e baixo. Segundo esta testemunha, o OVNI em vários momentos dava a impressão que iria pousar, mas logo em seguida ganhava altura novamente. Foram notadas também o que pareciam ser janelas, mediante as quais Alípio teve a impressão de avistar a presença de uma ou mais criaturas no interior do objeto. O OVNI acabou por desaparecer, rumando em direção a São José do Turvo, uma pequena localidade distante poucos quilômetros, deixando um pouco de fumaça, que rapidamente se dissipou.

Já em 1974, numa noite de dezembro, era a vez da Sra. Terezinha Marlene de Oliveira, na época responsável pelo Hotel Nossa Senhora da Glória, situado bem no centro de Santa Isabel, observar o fenômeno. Aproximadamente às 20 horas, juntamente com mais duas pessoas, quando estava em frente ao Hotel, avistou três objetos luminosos esféricos voando em formação. Segundo a testemunha, emitindo luz branca bastante intensa, que variava de intensidade. Estes aparelhos foram observados orbitando uma montanha que dista aproximadamente 400 metros do hotel, sempre com velocidade constante, até que desapareceram por trás da própria montanha, para não serem mais avistados. Nos momentos em que estiveram mais perto, chegaram a apresentar um diâmetro aparente semelhante ao da Lua.

Durante uma noite de tempo bom, com céu limpo, em 1975, por volta das 22 horas, o pecuarista Oscar de Azevedo Costa, juntamente com mais três pessoas, estacionou sua caminhonete Rural no ponto mais alto da estrada que corta a

Serra da Beleza. Esta testemunha nos relatou que ao deixar o veículo notou uma "luz pequena bem longe, à direita da estrada". Logo em seguida, entraram no carro e iniciaram a descida da Serra, em direção a Santa Isabel. Em questão de segundos aquela "luz" se aproximou. Tratava-se de um objeto discóide que emitia uma luz intensa, semelhante à de uma solda elétrica. O OVNI seguiu a Rural numa altura de apenas 20 metros por cerca de 1 km. Apesar de estarem descendo a serra, por mais que a testemunha pretendesse, o veículo não conseguia ganhar velocidade, pois o motor falhava, aparentemente por interferência do próprio disco. Depois da perseguição, o aparelho desapareceu rumando em direção à mesma região onde tinha sido avistado no início do contato.

O atual diretor comercial da Cooperativa de Leite de Santa Isabel, pecuarista Luiz Ozório Gomes, por volta do meio da década de 70, em uma noite de junho, aproximadamente às 20 horas, pôde acompanhar durante cerca de dez minutos, conforme cavalgava na estrada que liga Santa Isabel à localidade de Nossa Senhora do Amparo, a trajetória de um aparelho em forma de disco. A nave emitia uma luz amarela (fosca), deixando perceber algumas janelas. Segundo esta testemunha, o objeto teria aproximadamente o tamanho de um carro médio, e aparentemente seguia o rio São Fernando, a uma altura de 15 a 20 metros, numa velocidade bem reduzida. O OVNI desapareceu atrás de um dos morros da região. Este pecuarista, que era um dos descrentes dos fenômenos na região, passava a engrossar também as fileiras dos que tinham ficado frente a frente com as naves extraplanetárias.

Em maio ou junho de 1976, era a vez do Sr. João Bitencourt de Azevedo travar contato com o fenômeno, tendo sua esposa ao lado. Numa noite de céu aberto, por volta das 20 horas, numa vargem da Fazenda São José da Serra, observou um aparelho de forma discóide, com brilho avermelhado, que girava em torno de seu próprio eixo. O OVNI não emitia qualquer forma de som. Tanto Bitencourt como sua esposa estavam a cavalo. Enquanto o objeto permaneceu evoluindo na área, inclusive em altitudes inferiores às das montanhas que ladeavam a vargem, os animais ficaram totalmente paralisados. Segundo a testemunha entrevistada, o aparelho chegou a distar apenas 200 metros, ficando visível durante muitos minutos, antes que desaparecesse em direção à cidade de Volta Redonda.

Em uma noite do ano de 1977, aproximadamente às 20 horas e 30 minutos, Afonso A. M. Neves e seu pai desciam a Serra da Beleza em um Opala, com destino a Santa Isabel, quando notaram acima da Serra, à esquerda da estrada, uma luz esférica alaranjada. Logo depois notaram a presença de uma outra do mesmo tipo, já do lado direito. Os dois objetos começaram a seguir então o carro. Curiosos com o fenômeno, sem sentirem medo ainda, chegaram a parar o carro três ou quatro vezes para melhor observarem os aparelhos. Os OVNIs até então guardavam uma razoável distância. Mas quando resolveram parar o Opala mais uma vez, já após terem descido a Serra, um dos objetos se aproximou, ficando a uma altura inferior a 40 metros, por cima do carro. O aparelho lançou sobre o veículo um cone de luz branca de alta intensidade, mas que segundo Afonso não apresentava nenhum efeito térmico. Neste momento o carro, por mais que se tentasse ligar o seu motor, estava totalmente "morto". Só quando conseguiram empurrar o Opala para fora da emissão luminosa o motor pegou, e puderam partir em direção a Santa Isabel. Logo em seguida, tanto o aparelho que estava mais próximo como o que se mantinha mais distante, foram perdidos de vista.

Em um dia do mês de dezembro de 1980, bem próximo da região onde nós acampamos em nossas primeiras pesquisas, aconteceu um dos casos mais impressionantes. As protagonistas foram Irinéia Lopes de Almeida Mendonça e Maria Isabel Costa Vargas, sua cunhada. Irinéia, que estava passando uma temporada na Fazenda Arizona, administrada por um de seus irmãos, juntamente com sua cunhada, pôde observar, por volta das 18 horas e 30 minutos, um objeto discóide que emitia intensa luz avermelhada. A nave foi descrita por ela como tendo a forma de "duas bacias" acopladas. Irinéia nos contou que não perceberam a aproximação do aparelho. Quando notaram sua presença, o OVNI já estava sobre ela e a cunhada, a uma altura inferior a dez metros, totalmente imobilizado. As duas testemunhas ficaram paralisadas, e tentaram gritar pedindo socorro, "mas o disco roubava as suas vozes". Após cinco minutos, o aparelho ganhou altura, velocidade, e rumou em direção a Conservatória, deixando as duas sob forte impacto emocional.

O prático de Veterinária Luiz Martins Farias esteve da mesma forma bem próximo do fenômeno. Ao sair de Santa Isabel em seu carro com destino a Valença, em uma madrugada de 1982, observou à sua frente, a uns 3 km, uma luz redonda semelhante à produzida por uma solda elétrica, do mesmo tipo das reportadas por outras pessoas da região. Depois de alguns minutos, o fenômeno foi perdido de vista. Quando já passava nas proximidades da Fazenda Jaraguá, o aparelho voltou a aparecer e começou a seguir o carro, um fusca, chegando nos momentos de maior aproximação a menos de dez metros de distância. Esta testemunha foi obrigada a dirigir o automóvel apenas com uma das mãos, pois a outra estava sendo usada para proteger os olhos da luminosidade emitida pelo OVNI, que acompanhou Luiz e seu carro até o ponto mais alto da Serra da Beleza, quando desapareceu ganhando altura.

A própria polícia militar teve também suas experiências. A 25 de março de 1986, por exemplo, os policiais militares Luiz Alberto de Araújo e José Carlos do Rego Neto, ao trafegarem na estrada que liga Santa Isabel a Conservatória, em uma viatura, observaram a uma distância de 150 metros uma nave em forma de disco, cuja parte central emitia intensa luminosidade na cor branca, apresentando na parte inferior em toda a sua volta várias luzes coloridas que ficavam piscando. O OVNI foi visto totalmente imobilizado pairando poucos metros acima da estrada, o que obrigou os militares, que subiam a serra, a parar o carro. Poucos segundos depois a nave desaparecia, deixando-os sob forte impacto.

Ainda em 1986, era a vez do fazendeiro Antônio A. Duque e do Sr. Marciano de Oliveira Filho travarem contato com o fenômeno. Às 21 horas e 10 minutos do dia 8 de novembro, observaram um aparelho de forma oval, apresentando intensa luz vermelha. O fato aconteceu na Fazenda São Pedro, situada a cerca de 15 km do centro urbano de Santa Isabel. No início do avistamento, a nave estava pairando a cerca de quinze metros acima do solo, e a uns 2 km das testemunhas. Em seguida começou a se movimentar em velocidade bastante baixa, até que sumiu das vistas dos seus observadores. Tudo indica, segundo as testemunhas, penetrando numa mata no sopé de uma pequena serra presente na região. Também neste caso não foi notada qualquer forma de ruído ou som.

Um dos primeiros casos de 1987 com que travamos contato foi o protagonizado pelo comerciante e motorista de taxi Alberto Carlos da Silva, e pelo vereador João Batista Gomes Filho. O avistamento aconteceu na noite do dia 20 de fevereiro, uma sexta-feira, aproximadamente às 21 horas e 30 minutos. As duas testemunhas estavam saindo de carro de Santa Isabel com o objetivo de irem até Conservatória, quando notaram a presença de um objeto em forma de disco, pairando por cima do morro do "Cruzeiro", um dos pontos mais altos da região. Estacionaram o carro e ficaram observando o OVNI, que estava a aproximadamente 1 km de distância. A nave apresentava luzes das mais variadas cores, que não paravam de piscar de maneira alternada. Após uns cinco minutos o aparelho desapareceu no mesmo local em que estava sendo observado. Em seguida as testemunhas deram seguimento então à viagem. Logo após passarem pela "Pedreira", ponto da estrada de onde pode ser avistada parte da Serra da Beleza, voltaram a constatar a presença do OVNI. Estava aproximadamente a cerca de 3 km, na direção da Fazenda

São José da Serra. Mais uma vez pararam o carro, e ficaram observando a nave, que parecia, a partir da posição das testemunhas, ter um tamanho aparente maior que o da Lua. O OVNI ficou ali estacionado por cerca de quinze minutos, e desapareceu de maneira definitiva em seguida, sem deixar o menor vestígio de sua presença.

Em 1987, os OVNIs continuaram a aparecer, com o passar dos meses. Na noite do dia 27 de abril, por exemplo, era a vez do comerciante Divino Lima constatar o fenômeno. A testemunha achava-se em frente a sua casa, na rua Benedito Leite Pinto, quando observou um objeto voador que emitia luz na cor branca. O aparelho tinha a forma também de um disco, e estava totalmente imobilizado no céu, a cerca de 400 metros de distância. Logo que o comerciante começou a observar o OVNI, este lentamente passou a apresentar um movimento bem lento em direção às montanhas que estão ao sul de Santa Isabel. Divino entrou em casa rapidamente com o objetivo de buscar seu binóculo, porém quando conseguiu retornar, logo em seguida, a nave já havia desaparecido, levando a testemunha a supor que o OVNI de repente deve ter aumentado sua velocidade, pois do contrário teria tido ainda tempo de avistar o mesmo.

Ainda no mesmo ano, o Sr. Sebastião Gomes Carneiro, em uma tarde com tempo bom, no mês de junho, observou ao levantar os olhos para acompanhar uma revoada de pombos, um aparelho que brilhava refletindo a luz do sol. O OVNI foi descrito como tendo a forma de um ferro de passar roupa, apresentando uma espécie de cúpula na parte superior, que aparentemente não refletia tanto os raios solares como o restante da estrutura do objeto. Sebastião pôde notar ainda o que pareciam ser duas antenas, do tipo utilizado nos carros, que saíam da própria cúpula. A observação durou aproximadamente dez minutos.

Em 1988, as aparições continuaram com a mesma frequência, e por diversas vezes, principalmente na região da Serra da Beleza, a presença dos objetos voadores não identificados continuava a surpreender os moradores da área, e os que passavam de carro pela mesma.

Já em 1989, no início do mês de abril, a cerca de 2 km do centro de Santa Isabel, em pleno dia, por volta das 8 horas e 30 minutos, os senhores José Gonzaga, Luiz Martins Farias e Vicente de P. Andrade Cunha tiveram a oportunidade de observar a cerca de 150 metros de distância um objeto aparentemente metálico que estava praticamente pousado em uma montanha da região. O aparelho, segundo as testemunhas, tinha a forma quase de um balão junino, com cerca de três metros no seu eixo maior. Quando uma das testemunhas tentou se aproximar, o OVNI já estava lentamente ganhando distância, mais ainda em baixa altitude, praticamente tocando a vegetação, um pasto com alguns arbustos. O objeto, segundos depois, ainda chegou a ficar imobilizado, mais uma vez praticamente pousado num ponto mais acima, e logo em seguida foi perdido de vista após se ocultar ao passar para trás do morro. Vicente, a testemunha que tentava uma maior aproximação com o aparelho, ao chegar logo depois ao topo do morro, imaginando ainda ver o OVNI do outro lado, não encontrou nada mais, para sua surpresa. As três testemunhas descobriram inclusive, posteriormente, que o objeto, nos pontos que foi observado assentado, havia amassado a vegetação. Ao investigarmos pessoalmente estes pontos, concluímos que o OVNI, apesar de produzir este efeito na vegetação, principalmente nos arbustos, não deve ter colocado todo o seu peso diretamente sobre o solo, que nestas posições, inclusive, é bem inclinado.

Mais surpreendente foi um caso ocorrido dois meses depois, no início de junho, quando um OVNI passou toda uma noite aparentemente imobilizado no fundo de uma grota no sopé da Serra da Beleza. As testemunhas do fenômeno foram os irmãos Francisco e Geraldo Benedito da Silva, que desde o mês de novembro de 1988 trabalham na Fazenda Ribeirão Vermelho, de propriedade do
 Sr. José Inácio de Abrantes Duque, onde ocorreu o fato.

O fenômeno começou a ser observado pelas testemunhas por volta das 17 horas, a partir das proximidades da casa onde residem. O objeto estava a cerca de 300 metros de distância, imobilizado, no fundo da grota, à direita de um charco ali existente. Tratava-se de uma forma oval, que emitia uma luminosidade alternadamente branca e vermelha, com um ritmo de variação bem lento. Segundo os observadores, esta luz parecia "viva", dando impressão de algo em movimento. Os irmãos ficaram observando o fenômeno durante várias horas, mas não se arriscaram a se aproximar, pois não tinham ideia do que poderia ser aquela "coisa", e em seguida foram dormir. No dia seguinte ao saírem de casa, notaram que a "coisa" continuava no mesmo local, e então iniciaram suas atividades normais na Fazenda, até que quando olharam novamente em direção à grota, por volta das 8 horas e 40 minutos da manhã, repararam que o objeto já estava do outro lado do charco, mais uma vez imóvel. Até aquele momento continuavam sem saber de que se tratava, não sabiam que aquele objeto podia voar. Passaram então a observar o aparelho novamente com um interesse maior. Cerca de dez minutos depois observaram a ascensão do OVNI, e sua trajetória em direção a Minas Gerais, até que desapareceu por trás das montanhas, na linha do horizonte, já bem distante. Durante toda a experiência não observaram qualquer ruído que pudesse ser atribuído ao aparelho. Mais tarde desceram até a região onde haviam visto o objeto estacionado a maior parte do tempo, mas não encontraram nenhum sinal, marca, deixada pelo OVNI. Neste mesmo local, os dois não tinham conhecimento, numerosos casos já haviam ocorrido no passado, e nos meses seguintes outras pessoas continuaram a contatar o fenômeno.

Na noite do dia 9 de dezembro de 1989, aproximadamente às 23 horas, aconteceria mais um contato próximo. O Sr. José Fernando Martins Pereira, juntamente com sua esposa, e mais dois adultos, vinham de caminhão em direção a Santa Isabel. Pouco antes de passarem pela localidade de

Pedro Carlos, notaram que existia um objeto esférico luminoso que já acompanhava o caminhão, man-tendo-se do lado esquerdo do mesmo, a uma distância de cerca de 150 metros. O aparelho emitia intensa luz branca, e em determinados momentos, parecia diminuir de tamanho, para em seguida voltar a "crescer". As testemunhas foram acompanhadas pelo objeto até que chegaram ao alto da Serra da Beleza, quando então desapareceu. Tinha acompanhado o caminhão por mais de 6 km.

A experiência mais importante dos últimos anos, entretanto, aconteceu com o Sr. Sebastião Tomé Pereira Barbosa, funcionário da Prefeitura e morador de Santa Isabel.

"Natalino", como é conhecida a testemunha, numa noite no início de janeiro de 1985, vinha a pé de Conservatória para Santa Isabel. Aproximadamente às 2 horas da madrugada, quando estava quase atingindo o ponto mais alto da estrada que corta a Serra da Beleza, notou uma forte luminosidade mais à frente, como se algum carro estivesse parado com os faróis ligados. Pensando em conseguir uma carona, Natalino resolveu se aproximar, porém logo ao atingir o ponto mais alto, notou que não era um automóvel o responsável por aquela luminosidade. Cerca de quinze metros à frente, bem no meio da estrada, estava pousado um aparelho em forma de disco com vários metros de diâmetro, emitindo uma luz amarelada muito forte. Do lado de fora do objeto, encontravam-se dois humanoides de baixa estatura, que ao perceberem a presença da testemunha, foram em sua direção. Natalino, imediatamente, começou a correr em direção a Conservatória, fazendo o caminho inverso do que tinha feito, iniciando a descida da Serra. Os dois seres o perseguiram por uns 250 metros, até que Natalino se jogou num barranco à direita da estrada, nas proximidades da Fazenda Beleza. Após alguns instantes, as criaturas resolveram deixar de lado a testemunha, e voltaram para a posição onde a nave estava pousada.

Após se refazer do susto, a testemunha lentamente subiu

num morro à esquerda da estrada, que permitia uma boa visão do objeto. Pôde então observar os seus dois perseguidores recolhendo, com as mãos, areia e terra, da própria estrada, e colocando numa espécie de saco ou sacola, que quando cheia era levada para dentro do disco, através de uma porta que se mantinha aberta.

As criaturas foram descritas por Natalino como tendo formas humanas, com 1,5 metros de altura. Eram mais fortes do que a média dos humanos desta altura. Tinham a parte do tórax bem fortificada. Usavam roupas semelhantes às nossas, mas aparentemente feitas de material diferente. Respiravam normalmente o nosso ar, não usavam capacetes. Suas faces eram semelhantes às nossas, e tinham cabelos lisos. Segundo Natalino, as criaturas aparentemente não "conversavam entre si". Apesar de não ter visto outros seres, teve a impressão de que outros se encontravam no interior da nave.

Por volta das 3 horas da madrugada, observou os dois seres entrarem definitivamente no aparelho. Logo em seguida a porta se fechou e o objeto ergueu-se a um metro e meio do solo, inclinou-se um pouco e alçou vôo em direção de Santa Isabel, sem fazer o menor ruído. Ao chegar em suas proximidades alterou sua rota e desapareceu na direção da localidade de Leite e Souza. A testemunha desceu do morro e continuou a caminhada para Santa Isabel. Tinha terminado sua experiência.

Estes foram apenas alguns dos casos de contato mantidos pela população local, e as experiências continuam. Em seguida voltamos a falar de nossos próprios avistamentos.

A "onda" de 1988

No início de junho de 1987, já com a participação do Grupo ELO de Estudos e Pesquisas Exológicas, resolvemos mudar nosso ponto de vigília para uma área mais próxima da parte urbana de Santa Isabel, que apresenta uma boa visão da Serra da Beleza, o que passou a permitir um número maior de noites de pesquisas e observações. Os resultados foram mais que positivos.

Já na noite do dia 9 de junho, às 20 horas e 30 minutos, pude observar, juntamente com o Sr. João Batista de Araújo Lopes, que é responsável pela agência local dos Correios, um OVNI esférico, que emitia uma luz alaranjada. Nossa atenção foi despertada inicialmente pela presença de um avião, que vindo da direção da cidade do Rio de Janeiro, ultrapassou a Serra da Beleza, seguindo em direção à nossa posição, para então iniciar uma curva de 180 graus, que o colocaria novamente no caminho do Rio. Nesse momento já estávamos vendo o OVNI, que ganhava altura, após ter surgido também por trás da Serra.

Chegamos à conclusão de que, na tentativa de uma maior aproximação, o avião possivelmente havia ultrapassado a posição do OVNI. Após completar a curva, ele conseguiu finalmente rumar na direção em que o aparelho evoluía, ganhando altura lentamente. Quando, entretanto, a distância entre os dois caiu para menos de 1 km, o OVNI desapareceu sem deixar o menor vestígio. O avião seguiu ainda até a última posição ocupada pelo objeto e depois retornou em direção ao Rio de Janeiro, desaparecendo por trás da Serra. Ainda no ano de 1987, a partir do mesmo ponto, tivemos mais doze avistamentos.

Já haviam se passado sete meses desde que tínhamos tido nossa última experiência, quando na noite do dia 5 de junho de 1988, realizamos nossa primeira vigília positiva do ano. Cheguei ao ponto de observação, acompanhado por Denilson de Andrade Lima, pesquisador de campo da AFEU, por volta das 19h15. Nesta noite as condições meteorológicas eram as melhores, com céu totalmente limpo, permitindo visibilidade total.

Às 19h55 tivemos nosso primeiro contato. Observamos uma sonda, inicialmente imóvel sobre a região conhecida como' 'baixadão", à esquerda da Serra da Beleza, a uma distância de aproximadamente 5 km. O objeto tinha a forma de uma pequena esfera, e apresentava um brilho vermelho. Após alguns poucos segundos, o OVNI começou a se deslocar para a direita, em direção à Serra, onde acabou segundos depois por desaparecer.

Por volta das 20h10, um outro aparelho semelhante foi notado vindo de Minas Gerais em direção à Serra da Beleza, sobrevoando em baixa velocidade o "baixadão". Também este terminou por desaparecer por trás das mesmas montanhas, cerca de quatro minutos depois do início do avistamento.

Nessa mesma noite tivemos ainda mais uma experiência. Às 21h10, notamos um outro OVNI esférico, mas que era bem mais luminoso, brilhando já na cor amarela. O aparelho foi observado inicialmente ganhando altura a partir da Serra da Beleza, numa área bem próxima do local onde acampamos em nossas primeiras pesquisas. Após ganhar altura, o aparelho apresentou então um movimento para a direita, mas no momento em que passava sobre o ponto mais alto da estrada que liga Santa Isabel a Conservatória, ficou praticamente imobilizado por cerca de cinco segundos, retomando em seguida o movimento na mesma direção, que o levaria a desaparecer por trás de uma montanha conhecida como "Cavalo Russo".

Na noite do dia 7 de junho, uma terça-feira, Denilson de Andrade Lima, nosso principal colaborador nas pesquisas efetuadas na região, teve mais três avistamentos, sendo o mais importante deles às 21h00, quando o pesquisador pôde observar, a cerca de 30 graus acima do horizonte leste, um outro objeto esférico, que emitia intensa luz amarela, totalmente imobilizado no céu. Poucos segundos depois, o aparelho reduziu drasticamente sua luminosidade, desaparecendo no mesmo lugar em que estava a ser avistado. Observando mais atentamente, Denilson conseguiu notar ainda uma pequena luz vermelha piscando, antes que desaparecesse definitivamente.

Outra vigília positiva foi realizada na noite do dia 18 de junho. Nesta estavam presentes o autor, Denilson de Andrade Lima, e Renato Eduardo Carvalho Travassos, outro pesquisador e membro da AFEU. Nesta noite o tempo mais uma vez era o ideal, permitindo visibilidade total. Às 21h30, tivemos um rápido avistamento. Uma sonda de brilho intenso, de cor amarela, foi observada no lado esquerdo do "baixadão", a uma distância estimada em cerca de 3 km. O OVNI foi avistado durante aproximadamente dez segundos, antes de ser ocultado, mediante seu movimento, por uma montanha. Aparentemente rumou em direção a Minas Gerais.

Porém, foi na noite do dia seguinte, 19 de junho, um domingo, que o fenômeno atingiu um nível inacreditável. Às 20h05, apareceram simultaneamente três OVNIs (sondas) sobre o ' "baixadão". Um deles no seu limite esquerdo, outro no centro e um terceiro no lado direito. Todos eles tinham a forma de pequenas esferas, apresentando um brilho avermelhado, como também movimentação bem lenta em direção à Serra da Beleza, onde todos acabaram por desaparecer, ocultados pela mesma. O aparelho que foi observado inicialmente mais à esquerda, que permaneceu mais tempo visível, foi avistado por cerca de 4 minutos. Os objetos evoluíram a uma distância de 5 km do nosso ponto de observação. Poucos minutos depois do último deles ter desaparecido, um outro, com as mesmas características, e percorrendo a mesma trajetória, foi observado.

Nesta mesma noite ainda tivemos mais avistamentos. Foi observado um outro objeto esférico emitindo luz amarela, com muita intensidade, tão forte quanto a do planeta Vênus, vindo de Minas Gerais em direção ao Estado do Rio, passando acima do horizonte Sul. Possivelmente se tratava de uma pequena nave. Através de observação com um binóculo, confirmamos que era bem maior que os observados anteriormente. Calculamos seu diâmetro em torno de 3 metros.

Até as 23h30 observamos mais 5 sondas que, partindo da Serra da Beleza, rumaram para Minas Gerais, sobrevoando o "baixadão". Quatro destas poderiam ser as mesmas que foram observadas desaparecendo por trás da própria Serra. Interessante é que um destes objetos, após sinalizarmos em sua direção, desapareceu de nossos olhos, eliminando sua emanação luminosa, sendo encontrado segundos depois, quase sem brilho, só mediante o binóculo. Participaram desta memorável vigília, além do autor, mais uma vez, Denilson de Andrade Lima e Renato Eduardo Carvalho Travassos. Na noite seguinte, a mesma equipe, a partir do mesmo ponto de observação, avistaria mais cinco sondas. Todas sobrevoando o "baixadão" rumo à Serra da Beleza. O fenômeno tinha atingido seu nível máximo de manifestação, ou seja, uma incidência diária.

Eu e o pesquisador Denilson de Andrade Lima voltamos a contatar o fenômeno na noite do dia 22 de junho, quando avistamos uma pequena sonda de cor vermelha durante aproximadamente quatro segundos. No dia seguinte, nós dois tivemos a oportunidade de ter outros avistamentos. Às 20h45, foi notada a presença de um OVNI emitindo luz vermelha à direita do "baixadão". Seu brilho aparente era semelhante ao do planeta Júpiter. O aparelho permaneceu visível por cerca de dez segundos, naquela posição, desaparecendo em seguida. Poucos segundos depois, reapareceu, mais à esquerda e abaixo, iniciando em seguida um movimento para a direita, em direção à Serra da Beleza, sumindo atrás da mesma, para depois ser observado por cima do ponto mais alto da estrada Conservatória-Santa Isabel. Desapareceu por fim próximo do "Cavalo Russo".

No dia 24 de junho, tive que viajar para a cidade do Rio de Janeiro, deixando Santa Isabel. Denilson, entretanto, permaneceu acompanhando as manifestações do fenômeno. O pesquisador teve avistamentos nos dias 28 de junho, 1 e 3 de julho. No total mais sete sondas foram registradas.

Já no dia 5 de julho, estava de volta à região, para continuar o acompanhamento do fenômeno. Juntamente com Denilson, e Cláudio de Mello Paoliello, outro pesquisador de nosso grupo, contatamos mais uma vez um OVNI. Aos 20 minutos do dia 6 de julho, observamos uma sonda de cor vermelha, vindo de Minas Gerais, com trajetória em direção à Serra da Beleza. Como o céu estava nublado, o objeto chegou a desaparecer em alguns momentos ao passar por trás das nuvens. O contato visual durou cerca de cinco minutos. O OVNI percorreu sua trajetória em baixa velocidade, sem apresentar variação de brilho. Na noite seguinte, por volta das 23h50, a mesma equipe, observou um outro objeto com as mesmas características, na mesma rota, durante três minutos.

A próxima vigília feita com resultado iria ocorrer somente no dia 14 de julho, uma quinta-feira. Nesta noite, eu e Denilson chegamos ao nosso ponto de observação por volta das 19 horas. Não tivemos que esperar muito.

Aproximadamente às 20h50, mais uma sonda foi detectada. O aparelho, vindo de Minas Gerais, evoluiu bem lentamente sobre o "baixadão", para posteriormente desaparecer por trás de uma das montanhas da Serra da Beleza, cinco minutos depois do início da observação. Ao percorrer sua trajetória, em alguns momentos chegou a ficar imóvel. Frente a um observador menos atento, passaria como mais uma estrela brilhante.

Na noite do dia 18 de julho, observamos mais duas sondas. A primeira às 19h35, foi avistada sobre o "baixadão", movimentando-se para a esquerda. Depois de poucos segundos ficou estacionaria, para em seguida rumar em direção à Serra da Beleza, onde desapareceu, cerca de três minutos depois. Já a segunda foi notada às 22h55, quase imóvel sobre o lado esquerdo do "baixadão". Deslocou-se para direita, desaparecendo dois minutos depois.

No dia seguinte, chegamos ao nosso ponto de pesquisa às 18h55. O céu estava totalmente limpo, com visibilidade total. Às 19h15, tivemos nosso primeiro contato da noite. Avistamos mais um OVNI sobre o "baixadão". Inicialmente o aparelho estava parado, mas logo em seguida apresentou movimento para direita, desaparecendo pouco depois atrás de uma pequena montanha situada no meio do "baixadão". Segundos depois reapareceu mais à frente, continuando rumo à Serra da Beleza, onde desapareceu cerca de 2 minutos depois. Ainda nesta mesma noite, eu e Denilson contatamos mais dois objetos. O primeiro deles às 20h05 e o último por volta das 20h40.

No dia 25 de julho, Denilson estava no ponto de observação mais uma vez, enquanto eu havia deixado Santa Isabel com a finalidade de proferir uma conferência. O pesquisador, naquela noite, pôde constatar a presença de mais uma sonda. O OVNI estava inicialmente parado. Segundos depois apresentou um movimento para a direita, chegando a desaparecer por alguns instantes devido à presença de nuvens. A observação durou aproximadamente 3 minutos. Nesta época, devido as "facilidades" de observação que o fenômeno apresentava, já estávamos decididos a fazer uma nova tentativa de documentação.

A noite do dia 10 de agosto ficará para sempre marcada em minha mente. Havia chegado a Santa Isabel à tarde, procedente do Rio de Janeiro, trazendo uma máquina fotográfica. Eu e Denilson chegamos ao ponto de observação por volta das 21h30, e logo em seguida montamos a máquina no tripé. Ajustei a abertura do diafragma na posição f/2, regulei o foco para o infinito e deixei o controle de exposição na posição "B" (longa exposição). Em seguida apontei a máquina para o ' 'baixadão", já que era esta a área mais ativa dentro da "onda".

As condições atmosféricas não eram as melhores. O céu ficava alternadamente fechado e limpo, com modificações bem rápidas. Aproximadamente às 23h50, num dos períodos de melhoria, avistamos uma sonda no lado esquerdo do "baixadão". Lentamente o aparelho rumava em direção à Serra da Beleza, como tantas vezes já tinha acontecido. Fiz primeiro uma exposição de aproximadamente 7 segundos, e em seguida bati uma segunda foto, expondo o filme por cerca de 40 segundos. Logo depois o OVNI desapareceu entre as nuvens, para não voltar mais a ser visível. Mais de seis anos depois do início de nossas pesquisas, para surpresa de alguns membros de nosso grupo, que não acreditavam mais nesta possibilidade, as primeiras fotografias tinham sido conseguidas.

Apesar de um avistamento na noite do dia 15 de agosto, quando mais uma sonda se fez visível, a terceira fotografia só seria batida no dia 6 de setembro. Nesta noite escolhemos um outro ponto para pesquisa, que permitia uma visão mais abrangente, mas do qual apenas parte do "baixadão" era visível. Por volta das 21h15, observei juntamente com Denilson de Andrade Lima, uma sonda imobilizada nas proximidades do limite norte da Serra da Beleza, antes que mergulhasse atrás da mesma. Nesta oportunidade bati minha terceira fotografia. Esta foto apresenta uma situação totalmente diferente das duas anteriores. Enquanto naquelas a sonda estava em movimento horizontal, permitindo mediante exposição prolongada o registro da própria trajetória, nesta, o objeto, como estava imóvel, aparece com sua própria forma. Como esta fotografia foi batida também com vários segundos de exposição, além da sonda, aparecem várias estrelas na forma de pequenos traços luminosos, devido ao movimento aparente da esfera celeste, de leste para oeste, provocado pela rotação da Terra, que é feita em sentido inverso. É visível ainda na mesma parte da Serra da Beleza.

A estatística dentro da "onda"

Do dia 5 de julho, data do primeiro avistamento, até a noite de 6 de setembro, quando ocorreu o último contato, foram feitas 34 vigílias, sendo que em 18 destas o fenômeno foi presenciado por membros de nossa equipe. No total foram 44 avistamentos. O número de contatos dentro da "onda" de 1988, portanto, foi superior ao próprio número de vigílias, fato sem precedente desde o início de nossas pesquisas.

Um outro detalhe relevante, já relativo à distribuição dos

avistamentos, foi uma maior concentração nos dias em que a região apresenta em suas estradas menor tráfego (de domingo a terça-feira). Dos 44 avistamentos, 36 ocorreram dentro deste período. Entretanto, menos da metade das nossas vigílias foram feitas dentro deste período. As noites de domingo para segunda-feira foram as recordistas, com um total de 17 avistamentos.

Encontramos também um padrão em relação as fases da Lua. Dos 44 avistamentos, 24 aconteceram entre a Lua nova e o crescente, 6 entre o crescente e a Lua cheia, 7 entre a cheia e o minguante, e o mesmo número entre o minguante e a Lua nova. Mais de 50% dos contatos ocorreram entre a fase nova e o crescente.

A "onda" de 1988, basicamente foi de sondas, pequenos aparelhos não tripulados, controlados à distância, ou mesmo com algum tipo de programação automática que, imaginamos, poderia inclusive, mediante determinadas situações, permitir a tomada de "decisões", modificando a atuação do objeto.

Apesar do fim da "onda" no início de setembro, os OVNIs não abandonaram a região, e continuaram a ser avistados pela população local, mas num ritmo inferior. Fizemos, entretanto, mais de 20 vigílias antes que ficássemos novamente frente a frente com o fenômeno, já no final do ano, em meio a uma vigília realizada no alto da Serra da Beleza, no mesmo ponto onde tínhamos acampado em nossas primeiras incursões na região. Na oportunidade bati minha quarta fotografia. Este acontecimento foi fundamental para que passássemos novamente a utilizar este ponto de observação. No ano seguinte, a partir desta posição, teríamos novas experiências.

Os contatos de 1989

Durante os dois primeiros meses de 1989, apesar de termos feito inúmeras vigílias, não tivemos nenhuma experiência, como também não ficamos sabendo de qualquer caso mais objetivo que pudesse ter ocorrido com a população local.

Nosso primeiro avistamento do ano ocorreria somente durante a Semana Santa, mais precisamente no dia 24 de março, quando estávamos acampados no alto da Serra da Beleza. Faziam parte desta equipe, além do autor, os pesquisadores Renato Eduardo Carvalho Travassos, Denilson de Andrade Lima e Cláudio de Mello Paoliello.

Quando começou a cair a noite, ventava bastante e parecia que dentro de pouco tempo iria chover, o que de certa maneira tirava um pouco de nossas esperanças em relação àquela noite. Apesar desta situação, permanecíamos a postos, com todo o nosso equipamento, incluindo a máquina fotográfica, já fixada ao tripé.

Aproximadamente às 20h00, observamos o aparecimento de um objeto esférico, extremamente luminoso, emitindo luz de maneira constante, com uma coloração avermelhada, a sudoeste de nosso acampamento, em baixa altitude. Imediatamente corri para a máquina fotográfica e iniciei a exposição do filme, deixando o obturador da mesma aberto. Ao mesmo tempo um dos membros do grupo observava o objeto através de um binóculo. Podemos dizer que o OVNI brilhava bem mais que o planeta Vênus, tendo um tamanho aparente, visto de nossa posição, equivalente a cerca de 1/4 da Lua. Cerca de 15 segundos depois do seu aparecimento o OVNI simplesmente "apagou", desapareceu de nossas vistas, aparentemente no mesmo local onde tinha surgido, e permanecido durante toda a observação. Logo em seguida encerrei a exposição do filme. A impressão que tivemos no momento é que o objeto realmente tinha se desmaterializado, ou eliminado seu campo luminoso. Só após a revelação desta fotografia é que tivemos realmente a noção exata do que tinha acontecido. Como estávamos usando um filme de 1000 asas, apesar da "pequena exposição", na foto podemos ver, além do próprio aparelho, uma série de montanhas, postes de energia elétrica etc. coisas que a olho nu não tínhamos condições de avistar naquela noite, ainda mais que se tratava de uma noite escura, com o céu totalmente fechado, coberto por nuvens. Na fotografia podemos ver ainda uma linha luminosa sinuosa, que parte do OVNI indo até o limite superior de uma das montanhas. Ou seja, a trajetória feita pelo objeto até o momento em que se ocultou atrás da própria montanha, feita numa velocidade tão elevada que nossos olhos não puderam notar, nos dando a ilusão que ele tinha simplesmente "apagado". Estudando ainda esta fotografia, tomando por base a montanha atrás da qual desapareceu, conseguimos calcular que o aparelho estava ao ser fotografado a cerca de 1,6 km de distância. Com o avançar das horas, o tempo foi ficando cada vez pior, até que o próprio acampamento acabou por ser envolvido por um nevoeiro, o que nos levou a resolver encerrar nossos trabalhos naquela noite, e nos recolhemos às nossas barracas.

Para surpresa nossa, o dia seguinte amanheceu com tempo bom, e resolvemos permanecer mais um dia com nosso acampamento montado. Com a chegada da noite, tivemos vários avistamentos de objetos luminosos, que alternadamente se tornavam visíveis e invisíveis, a cerca de 10 a 12 km de nossa posição. Na oportunidade consegui mais seis fotos, sendo cinco destas com tempo de exposição prolongado, fato que permitiu em uma delas o registro de um movimento em "V" feito em meio à exposição, por um dos objetos. Em quatro das fotografias foram fotografados simultaneamente dois objetos. Todos os OVNIs emitiam luz avermelhada, e apresentavam pequenas dimensões. Um deles, em meio à exposição, apresentou um movimento descendente, registrado na fotografia na forma de um traço luminoso. Pouco tempo depois bati mais uma, a última da noite, na qual temos um objeto fixado e um segundo, que por estar em movimento, e apresentar pulsações em seu brilho, sensibilizou o filme em várias posições, dando-nos a impressão na fotografia da presença de vários objetos.

Às 18h30 os fenômenos cessaram e nos preparamos para retornar à Santa Isabel, pois a temperatura estava caindo rapidamente, e não estávamos preparados para passar a noite no local. Quando já esperávamos o ônibus na estrada, por volta das 19h45, os fenômenos recomeçaram com a mesma intensidade, prosseguindo assim pelo menos até que embarcamos, e começamos a descer a Serra, 25 minutos depois.

Na noite do dia seguinte, já a partir da "Pedreira", nas imediações de Santa Isabel, tive juntamente com Denilson mais um avistamento de uma sonda, que emitia luz na cor amarela, a cerca de 6 km de distância de nossa posição. Cerca de quatro segundos depois de notarmos sua presença, apresentou um movimento descendente e desapareceu atrás de uma montanha da região, sem nos dar tempo de tirar uma fotografia. Mas no dia 24, uma quarta-feira, da mesma posição, teria a chance de observar e fotografar uma outra sonda com as mesmas características. Nesta noite cheguei sozinho ao ponto de observação por volta das 18h50. As condições de visibilidade eram as melhores possíveis. Preparei o equipamento fotográfico, fazendo os ajustes necessários da máquina fotográfica, que já estava fixada no tripé, e mantive o binóculo em minhas mãos para fazer prontamente qualquer verificação que se fizesse necessária.

As 20h10, notei bem no meio do "baixadão", ganhando altura a partir de uma montanha, com movimentação ligeiramente para esquerda, um OVNI emitindo luz amarela. Logo que confirmei a natureza do aparelho, acionei a máquina fotográfica, começando a fazer a exposição da foto. Desta vez estava usando um filme Fujichome 400, de slides. Ao iniciar a fotografia o objeto já estava se movimentando para a direita, em direção à Serra da Beleza, com uma trajetória que em seguida o levaria a desaparecer atrás do cume de uma montanha, para segundos depois reaparecer saindo do outro lado bem mais luminoso, permanecendo assim até mergulhar definitivamente atrás da Serra. Nesta foto, batida com uma exposição de mais de um minuto, observamos bem a trajetória do OVNI, visível na forma de dois traços luminosos, tendo ao meio o topo da montanha, responsável pela ocultação do aparelho, como também uma série de estrelas, e o limite esquerdo da Serra da Beleza. Ainda no mesmo mês, na noite do dia 28, fotografaria do mesmo ponto de observação, simultaneamente as trajetórias de um avião e de uma outra sonda, que ficou visível por cerca de 20 segundos, desaparecendo em meio a uma trajetória ascendente.

Voltamos a acampar no alto da Serra da Beleza, com a equipe de pesquisa de campo da AFEU, no dia 20 de julho. Nas duas primeiras noites, apesar do tempo bom, e visibilidade total, nada observamos. Na noite do dia 22, um sábado, tivemos entre 18h25 e 20h50 vários avistamentos, durante os quais consegui bater seis fotografias, várias destas documentando a presença de mais de um objeto. Nesta noite estavam presentes no acampamento, além do autor, Renato Eduardo Carvalho Travassos, Heitor Bolivar D'Arrigo, e como convidado o sr. Wilson Pereira da Silva, que no passado, no início de nossas atividades na região, tinha participação de várias pesquias ao nosso lado.

Na noite do dia 23 os fenômenos voltaram a se manifestar. Entre 18h30 e 22h55, tivemos inúmeros avistamentos, e mais uma vez observamos em vários momentos mais de um objeto simultaneamente, o que ficou documentado em algumas das sete fotos batidas naquela noite. Os OVNIs se movimentavam a cerca de 8 km de nosso acampamento, em baixa altitude. Nesta noite, quando os fenômenos cessavam, e já tínhamos muitos minutos sem nenhum contato visual, Renato começava a sinalizar com uma lanterna na direção em que os objetos estavam se apresentando naquela noite, e logo em seguida tudo recomeçava novamente. Esta, sem dúvida, foi uma das noites mais marcantes. Chegamos a pensar que tínhamos chegado ao momento de um contato mais direto.

No dia seguinte, por volta das 20h00, os OVNIs voltaram a aparecer, mas por pouco tempo, porém o suficiente para que eu conseguisse bater mais três fotos.

Depois de muitas vigílias sem qualquer resultado positivo, na noite do dia 20 de agosto, já a partir da "Pedreira', contatamos novamente o fenômeno. No ponto de observação, além do autor, estava mais uma vez o pesquisador Denilson de Andrade Lima. Às 19h10 notamos a presença de uma sonda emitindo luz alaranjada, que se movimentava bem lentamente em direção à Serra da Beleza, aparentemente vindo de Minas Gerais. Desta vez estava usando na máquina fotográfica, que como de costume, estava fixada ao tripé, um filme de 1000 asas da Kodak. Fiz primeiro uma exposição de aproximadamente 20 segundos, documentando na fotografia a trajetória ligeiramente sinuosa feita pelo objeto em sentido horizontal. Logo em seguida comecei a bater uma segunda foto, fazendo uma exposição maior, de aproximadamente 40 segundos. Interessante é que ao observarmos estas duas fotografias podemos constatar que apesar da segunda foto ter sido batida com uma exposição bem maior, apresenta um traço luminoso, pertinente à trajetória do OVNI, bem menor, o que comprova uma súbita redução de sua velocidade em meio à segunda fotografia. Em ambas as fotos são visíveis, devido às exposições prolongadas, mais uma vez as montanhas da região e as estrelas.

Uma hora depois, às 20h10, um outro aparelho emitindo luz alaranjada, foi detectado ganhando altura a partir do "baixadão", com movimentação em direção ao ponto mais alto da Serra da Beleza. Imediatamente iniciei a tomada de mais uma fotografia, abrindo o obturador da máquina, deixando o filme automaticamente sendo exposto. Em meio ainda a esta fotografia o objeto reduziu seu brilho, ao mesmo tempo que alterava seu rumo, passando a apresentar um movimento quase horizontal. Devido à alta sensibilidade do filme que estava usando, após cerca de 35 segundos tive que terminar a exposição, pois do contrário a fotografia ficaria muito clara. Teríamos uma perda de contraste. Comecei logo em seguida uma segunda exposição, e no instante em que iniciei a mesma, o aparelho, ao mesmo tempo em que passava a apresentar uma trajetória descendente, aumentou drasticamente seu brilho, chegando a ficar bem mais luminoso que o planeta Júpiter, aumentando também sua velocidade, o que o levou em poucos segundos a desaparecer por trás da Serra da Beleza, após o que encerrei a exposição do filme. Duas das mais importantes fotografias tinham sido batidas, documentando a variação de brilho, rota, e velocidade dos OVNIs na região.

Depois dos avistamentos em agosto, só voltamos a contatar os OVNIs já no final do ano, durante uma vigília realizada num dos pontos mais altos da Serra da Beleza, no dia 12 de dezembro, quando por volta das 20h10, notamos a presença de dois objetos luminosos de pequenas dimensões, a cerca de 12 km a sudoeste de nossa posição.

Em 1989, ao contrário do que aconteceu no ano anterior, não houve nenhuma "onda" significativa durante o inverno. Os fenômenos parecem ter se distribuído ao longo de um período maior.

No ano de 1990, os OVNIs continuaram aparecendo, e vários moradores da região voltaram a ficar frente a frente com os discos voadores. Tivemos também vários avistamentos, principalmente durante o inverno. Quase todos foram documentados através de fotografias.

Já durante uma noite, no final de julho do mesmo ano, conseguimos fotografar por várias vezes um fenômeno luminoso, possivelmente de origem geofísica, que já tinha sido observado em outras oportunidades. Estamos começando agora a estudar o mesmo. Da mesma maneira que em outras áreas de grande incidência ufológica, a região da Serra da Beleza, apresenta aparentemente também um interessante fenômeno natural. Possivelmente as próprias condições geológicas invulgares da área, responsáveis pelas manifestações luminosas de origem supostamente natural, possam estar atraindo os OVNIs. Suspeitamos, por exemplo, que a grande quantidade de areia monazítica encontrada na Serra da Beleza e regiões próximas, possa ser a causa do interesse da civilização responsável pelas aparições dos discos voadores.

Esperamos que nossa experiência de pesquisa na Serra da Beleza possa servir de estímulo a outros grupos ufológicos. Existem, como já colocamos no início deste capítulo, inúmeras áreas de incidência em nosso país, onde o fenômeno ufológico continua se apresentando de maneira constante, requerendo um acompanhamento por parte de pesquisadores competentes. É evidente que não se trata de um trabalho fácil, principalmente quando de seu início, mas se não começarmos algum dia a semear, nunca teremos o que colher. Não podemos continuar a depender em nossos estudos exclusivamente dos depoimentos de pessoas que, até serem protagonistas de um contato, não tinham ligação com o assunto capaz de favorecer um melhor aproveitamento de suas experiências.

Capitulo 5 – Os discos voadores e a origem da humanidade

"Uma civilização técnica emergente, após explorar seu sistema planetário natal e desenvolver o vôo espacial interestelar, deve começar lentamente, e por tentativas, a explorar as estrelas próximas. Algumas estrelas não possuem planetas adequados, talvez sejam todos gigantes de gás ou diminutos asteroides. Outros fariam um levantamento de planetas adequados, mas alguns já estariam habitados, ou a atmosfera seria venenosa ou o clima desconfortável. Em muitos casos, os colonizadores teriam que mudar — ou, como diríamos paroquialmente, reformar um mundo para fazê-lo adequadamente clemente. A reconstrução de um planeta levará tempo. Ocasionalmente, é encontrado e colonizado um mundo já adequado. A utilização dos recursos planetários, de modo que novas naves espaciais interestelares possam ser construídas no local, é um processo lento. Eventualmente uma segunda geração da missão de exploradores e colonizadores partirá para estrelas onde ninguém esteve antes. E, deste modo, uma civilização dirige seu caminho como uma videira entre os mundos."

Carl Sagan, *Cosmos*, p 308.

(Recorda-te ó profeta) de quando teu Senhor disse aos anjos: Vou instituir um herdeiro na terra!

Alcorão, surata II, versículo 30.

Quem somos? De onde viemos? Para onde vamos? Estas questões têm atormentado o espírito humano há muito. No passado somente as religiões tentavam respondê-las e, para estas, seríamos um produto acabado e final da vontade dos deuses. Na lenda inca, na noite dos tempos, no lago Titicaca, surge uma corte de deuses liderados por Viracocha, que criou o Sol, a Lua, as estrelas, a luz do primeiro dia e os antropolítos gigantescos. Depois de várias tentativas fracassadas, Viracocha finalmente consegue criar com a lama do lago sagrado dos Andes, homens de verdade, cópias de sua própria forma. Na Bíblia, no Gênesis, Deus também faz o homem a partir do barro à sua própria imagem.

Apesar de "sabermos" como teríamos sido criados, existia um interesse, curiosidade, pela época em que tal fato teria realmente ocorrido. Isto levou o Arcebispo de Armagh, James Ussher (1581-1656), a partir da numerologia do Antigo Testamento, a calcular que a Criação ocorrera no ano 4004 A.C. Mais tarde, por incrível que pareça, John Lightfoot, Mestre do St. Catherine's College, em Cambridge, fez cálculos mais "precisos". A Criação teria ocorrido no dia 23 de outubro, exatamente às nove horas da manhã do já citado ano. Ou seja, estes homens davam à Terra uma idade de apenas seis milhares de anos.

As ideias sobre nossas origens contidas na Bíblia foram impostas por séculos e mais séculos. Questionar tais "verdades" poderia valer um lugar em uma fogueira inquisitorial. Mas, com o passar do tempo, isto teria que ocorrer.

Foi com o médico e filósofo Erasmos Darwin (1731-1802) que as teorias evolucionistas começaram a ser propaladas. Em seus escritos, redigidos entre 1784 e 1802, colocava as bases para aceitação da ideia que todas as criaturas vivas do planeta fossem descendentes remotamente de um único ancestral comum. Suas colocações a respeito também das forças geradoras dos processos evolucionários, podem, ainda hoje, serem tidas como sementes das modernas teorias evolucionistas. Mas foi seu neto, Charles Darwin (1809-1882), através principalmente das obras "A Origem das Espécies" e "A Descendência do Homem e a Seleção Relativa ao Sexo", na qual pretendeu completar a teoria da seleção natural, que deu o golpe final nos dogmas religiosos sobre nossas origens.

Nestes dois livros Darwin revela todo o seu conhecimento e principalmente um profundo espírito de observação. O homem passava a ser o resultado de uma longa evolução natural. Temos que ressaltar que nenhum dos fósseis dos hoje considerados ancestrais do homem havia sido estudado quando Darwin publicou as obras citadas. Infelizmente, muitos que vieram depois não tiveram a nobreza de manter uma atitude imparcial frente a novos achados, e a "evolução" passou a ser o dogma da antropologia.

Segundo estimativas já mencionadas, existem possivelmente só em nossa galáxia, a Via-Láctea, milhões de planetas habitáveis. Sabemos que o nosso Sol, centro de nosso sistema solar, tem cerca de cinco bilhões de anos. Trata-se de uma estrela de meia idade. Nossa Terra tem aproximadamente 4,6 bilhões de anos. Isto nos permite dizer, que a vida poderia e deve ter surgido em mundos mais antigos que o nosso, e evoluído até formas avançadas capazes de viajar pelo espaço, antes inclusive da própria formação de nosso sistema solar.

Alguns sábios sustentam que a Terra é muito jovem para hospedar criaturas nativas tão evoluídas como nossa espécie. Francis Crick, contemplado com um Prêmio Nobel de Fisiologia, pelas suas pesquisas sobre a estrutura molecular do DNA, o chamado ''ácido da vida", sustenta em seu livro "Life Itself" a possibilidade das primeiras formas de vida terem chegado ao planeta no interior de astronaves mandadas por alguma civilização extraplanetária. Estaria o fenômeno ufológico atual (pelo menos parte deste) ligado ao aparecimento da vida e do próprio homem no planeta que hoje chamamos de Terra? O objetivo deste capítulo é discutir tal hipótese.

Dividindo o fenômeno

Acreditamos que já é hora de tentarmos uma compreensão do problema ufológico. Estamos conscientes da existência de um fenômeno marginal, adstrito à parcela mais importante do mesmo. As criaturas (tripulações) integrantes destas manifestações são tão distintas em aparência do homem como entre si; parecem também conhecer pouca coisa sobre nosso mundo e suas formas de vida, o que demonstra a inexistência de um contato mais antigo e direto com o planeta. Algumas vezes, representantes destas civilizações tentam forçar contatos com alguns humanos, numa clara tentativa de aprendizagem sobre nossa espécie. Como algumas vezes estas abordagens são feitas de maneira "violenta", alguns pesquisadores mais afoitos tendem a ver nisso sinais de possíveis objetivos negativos em relação à nossa humanidade. Não concordamos com este tipo de visão, pois esta forma de se apresentarem, possivelmente, seria a única passível de ser implementada por tais civilizações. Para estas, seríamos mais uma forma de vida a ser estudada.

Existem, entretanto, contatos nos quais os ufonautas, também distintos morfologicamente do homem, não demonstram ter o menor respeito pelo homem da Terra. Algumas vezes os protagonistas destes casos trazem desagradáveis marcas de suas experiências, chegando mesmo a sofrer graves problemas de saúde posteriormente. Não conseguimos ver, como fazem alguns, também nestes casos, um objetivo negativo, definido. Se tal fosse, estas criaturas seriam muito pouco práticas. Manter contatos para gerar possíveis problemas de saúde aos contatados, parece-nos uma ideia muito infantil. Talvez as civilizações ou civilização que atuam desta forma sejam as responsáveis também pelas mutilações de animais que continuam a ocorrer em vários pontos do planeta. Na realidade nossa humanidade não é a única a agredir outras formas de vida para obter seus conhecimentos.

Por outro lado, parece existir um grupo formado por

várias civilizações, cuja aparência e morfologia de seus representantes, quando não são exatamente iguais às nossas, guardam muitas semelhanças com o homem. Através de contatos com os representantes destas civilizações, os contatados têm recebido informações a respeito da origem extraplanetária de nossa humanidade e de processos migratórios, colonizadores.

Os contatos e suas informações

Um dos casos mais interessantes ocorreu em nosso Estado (Rio de Janeiro) no início da década de 50, e foi divulgado pela primeira vez através da revista "OVNI Documento", em matéria da pesquisadora Irene Granchi. A contatada, Sra. Lucy Galluci, que tivemos o prazer de conhecer, recebeu uma série de informações relacionadas à origem e ao passado de nossa humanidade, e nós que sempre nos interessamos pelo aspecto histórico e pré-histórico da ufologia, justamente por intuirmos que a explicação para parte do fenômeno ufológico atual estava no passado, achamos por bem fazer um estudo comparativo entre as principais informações recebidas e nossos conhecimentos, derivados das pesquisas históricas. Este trabalho, intitulado "O Caso Santanésia — Um estudo Comparativo", deu origem a várias reportagens, feitas a partir de nossas conferências.

A contatada contou-nos que costumava sair após o almoço sempre com um de seus livros e depois de muito andar, escolhia a margem de um dos lagos criados por uma barragem de uma usina hidrelétrica, em Santanésia, pequena cidade próxima a Barra do Piraí.

Em uma tarde destas, embebida na leitura, deu-se conta, repentinamente, de um misterioso personagem. Parecia à primeira vista um homem comum, mas pouco tempo depois ela pressente o contrário. A criatura trajava uma vestimenta branca, bem ajustada no corpo, emendada nos sapatos. Sua testa era muito ampla, mas não por calvície. Seus cabelos eram ralos, brancos e bem lisos. As orelhas um pouco pontudas e sem lóbulos. O nariz era muito afilado, com orifícios um pouco para cima. Os olhos impressionavam pela cor indefinível, entre o amarelo e o castanho. Parecia imberbe. Também não tinha sobrancelhas, nem pestanas. Apesar da fisionomia parecer de um jovem, não podia definir sua idade real. Era de rara e sensível beleza e parecia irradiar como que uma aura de paz.

O contato foi desfeito com a partida da contatada, que naquele momento ainda não tinha interpretado sob o prisma ufológico sua experiência. Ela não foi capaz, entretanto, de nos dizer, de forma definitiva, se a comunicação entre esta entidade e sua pessoa foi feita mediante um processo telepático, ou se a criatura realmente falava o português.

Outro contato ocorrido no Brasil, ligado aparentemente ao mesmo grupo de civilizações, foi o mantido por Maria da Aparecida de Oliveira Bianca e Hermínio Reis. No dia 12 de janeiro de 1976, o casal saiu por volta das 18 horas da cidade do Rio de Janeiro, onde residiam na época, em viagem para Belo Horizonte, com objetivo de trocarem de automóvel, com uma pessoa conhecida que trabalhava no setor de carros usados.

Após terem parado para jantar numa churrascaria de beira de estrada, seguiram viagem, mas quando já estavam no Estado de Minas Gerais, próximo à cidade de Matias Barbosa, decidiram parar o carro (Karman Guia) no acostamento de um trecho novo que ainda não havia sido inaugurado. Hermínio sentia necessidade de descansar, dormir um pouco, coisa que acabou fazendo. Enquanto isto, Bianca, que já tinha dormido antes em meio à viagem, mantinha-se atenta, acordada, pois seu companheiro queria ser despertado um pouco mais tarde, para que pudessem seguir viagem, pois desejavam chegar cedo a Belo Horizonte.

Já aproximadamente às 23 horas e 30 minutos, ao olhar para a frente, Bianca notou uma luz vermelha, alaranjada, no céu, que em princípio julgou ser um balão. O objeto movimentava-se ainda lentamente, entrando e saindo das nuvens. Por vários minutos ficou observando a trajetória daquilo que para ela ainda era um simples balão junino. Após abaixar os olhos para apagar o cigarro que estava a fumar, perdeu o contato visual com o mesmo, mas não deu muita importância ao fato no momento, julgando que o balão poderia ter caído atrás do morro sobre o qual antes estava a ser avistado.

Algum tempo depois, bem em frente ao carro, numa baixada, uma luz intensa pôde ser observada, desaparecendo de maneira tão inesperada como havia surgido, ao mesmo tempo em que era notado um zumbido estranho. A explosão luminosa fez com que a contatada esfregasse os olhos, tendo logo em seguida notado um objeto grande que vinha em sua direção. Segundo Bianca, ela acordou seu companheiro aos gritos, totalmente fora de si, acreditando que um avião estava caindo sobre eles.

O OVNI sugou o carro para seu interior, juntamente com as testemunhas, e em seguida, aparentemente, iniciou uma jornada até atingir uma nave maior, dentro da qual penetrou, onde Hermínio e Bianca foram finalmente retirados do carro, e conduzidos por dois "homens" até um compartimento muito amplo, onde notaram vários aparelhos e foram sentados em poltronas que ficavam próximas dos mesmos. Através da utilização de capacetes, dos quais saíam vários fios, que acabavam por se conectar a um dos aparelhos, aparentemente um sistema de tradução simultânea, mantiveram uma longa conversação com um dos extraplanetários que se identificou pelo nome de Karran. Ele foi descrito pelas testemunhas como tendo aproximadamente dois metros de altura, pele morena cor de jambo, cabelos lisos e escuros. Os olhos eram grandes, redondos e verdes, tendo boca e nariz bem proporcionados. Embora a altura fosse avantajada, não era feio de corpo, pois o físico compensava plenamente. A criatura estava vestida com um macacão de cor branca, no qual não era notado nenhuma costura ou emenda, e usava sapatos da mesma cor. Entre os vários assuntos abordados, teve especial destaque, também neste caso, o problema da origem extraplanetária de nossa humanidade.

Dois dias depois de terem sido sequestrados, o casal foi deixado, com seu próprio carro, em uma estrada de terra não muito longe do local onde tudo havia começado.

Muitas vezes as informações recebidas através dos contatados se completam entre si, nos dando uma visão razoável do que teria sido o nosso verdadeiro passado. Em seguida apresentamos uma síntese, dividida em várias partes, montada a partir das revelações destes dois contatos, como também de outros mantidos com ufonautas semelhantes a nós, em várias partes do globo.

1 - Houve um processo de preparação do planeta, com modificações das condições climáticas, ambientais, a partir da semeadura de formas de vida vegetal mais avançadas. Foram também trazidas para a Terra várias espécies de animais.

2 - Mais tarde, depois que a vida vegetal e animal equilibraram o mundo, propiciando condições favoráveis para implantação da vida humana, teve início o processo de colonização. Cada raça humana, ligada a um planeta específico, ocupou a região da Terra mais favorável à sua natureza.

3 - Surgimento de vários focos civilizatórios ao longo do planeta.

4 - Destruição total da civilização implantada e de boa parte daquela humanidade descendente do processo colonizador a partir do aumento do nível da atividade solar, ou explosão de uma estrela nas proximidades de nosso sistema solar, responsável por uma série de cataclismos.

5 - Queda do homem, mergulho na barbárie e regressão em termos evolutivos, mediante mutações genéticas causadas pelas ondas de choque de alto teor energético, que partiam de nosso Sol, ou da estrela em processo de ruptura.

6 - Expedições extraplanetárias dos mundos que participaram do processo de colonização chegam ao planeta e passam a trabalhar para recuperação (evolução) da espécie

humana em níveis biológicos. Este processo sofre um retrocesso quando grupos em adiantado estágio recuperativo se irmanam a outros que traziam ainda características primitivas, regressivas. Mas o homem acaba por surgir em sua "plenitude", com o passar dos tempos.

7 - Outros processos migratórios, em menor escala, ocorrem, trazendo para o planeta novos povos extraplanetários, mais uma vez semelhantes ao homem atual. Irmanam-se aos "terrestres", dando origem a avançadas civilizações que, entretanto, acabam por se autodestruir em guerras nucleares. Parte destes povos sobreviventes migram para outras regiões do espaço. Alguns destes estariam voltando agora para checar os descendentes de seus antepassados.

8 - Após o reaparecimento do homem no planeta em escala planetária, após as guerras, novos contatos com povos extraplanetários de forma humana inspiram o ciclo civilizatório atual.

Teriam validade estas informações? Existem evidências a favor das mesmas? Vamos analisar cada um destes itens.

Nossa ciência e o início da vida

Como já mencionamos antes, a Terra se solidificou há cerca de 4,6 bilhões de anos atrás. A vida surgiu, segundo nos contam os registros fósseis, logo depois, por volta de quase 4 bilhões de anos, sem, entretanto, a complexidade, por exemplo, dos atuais organismos unicelulares.

Naquela época distante, segundo nos conta nossa ciência, descargas elétricas da atmosfera primitiva de nosso planeta, e os raios ultravioletas, provenientes do Sol, quebravam moléculas simples, ricas em hidrogênio. Seus fragmentos se combinavam de novo, gerando cada vez arranjos e moléculas mais complexas. O resultado desta química incipiente se dissolvia nas águas, criando uma espécie de sopa orgânica. Acidentalmente teria surgido uma molécula capacitada a gerar duplicatas grosseiras de si mesma, utilizando-se de outras moléculas presentes em seu meio ambiente como "tijolos". Nascia o ancestral mais remoto do ácido desoxiribonucléico, o chamado DNA, a molécula fundamental da vida, semelhante a uma escada em caracol, cujos degraus são formados pelas quatro partes moleculares distintas: as quatro letras do código genético, que determinam as instruções genéticas de qualquer organismo.

Com o passar do tempo, as moléculas progrediam — cada uma tendo uma função particular — e começaram então a se agrupar. Deram origem à primeira célula. Por volta de 3,5 bilhões de anos, teriam surgido as algas azuis-esverdeadas. Por cerca de quase 3 bilhões de anos monopolizaram a vida na Terra.

Durante boa parte dos quase quatro bilhões de anos, desde o aparecimento da vida, esta pouco evoluiu. Há cerca de 600 milhões de anos, entretanto, algo aconteceu; o monopólio das algas começou a ser questionado. Surgia no planeta uma grande quantidade de novas formas, tocando a sinfonia da vida. Esse acontecimento ficou conhecido por nossa ciência como a "explosão cambriana".

Segundo as informações recebidas através dos contatos ufológicos, já existia vida primitiva na Terra antes da implantação das formas mais avançadas. O fato de a química da vida presente na Terra ser a mesma nas mais diferentes formas em que esta se manifesta, não pode ser utilizado como algo contrário a um possível processo de implantação, semeadura, por tais civilizações cósmicas, pois nossa própria ciência garante que em condições ambientais semelhantes às terrestres, passadas, esta poderia começar da mesma forma, baseada nos mesmos elementos. Além disso, o Universo, a astronomia bem comprova, está cheio das moléculas orgânicas pertinentes à vida terrestre. As próprias informações recebidas pelos contatados dão a entender que as formas mais avançadas foram trazidas para o planeta, ou originaram-se por processo evolutivo, natural ou artificial, a partir destas.

É interessante ressaltar que por várias vezes teriam sido encontrados em meteoritos caídos na Terra sinais de vida em estado fossilizado, semelhante à nossa. Dentro da própria casuística ufológica, temos casos de encontros íntimos entre terrestres e tripulantes das naves, nos quais teriam ocorrido relacionamentos sexuais, demonstrando-se posteriormente a compatibilidade genética.

O astrofísico norte-americano Carl Sagan, diretor do Laboratório de Estudos Planetários da Universidade de Cornell, defende a ideia de se criar em Vênus uma atmosfera de oxigênio, para permitir a implantação da vida humana. A atmosfera deste planeta seria semeada com grandes quantidades de algas azuis, especialmente ativas, as "Cyanidium coldarium', que têm a capacidade de transformar o gás carbônico em oxigênio. Conforme o processo de fotossíntese se desenvolvesse, os raios solares penetrariam progressivamente na atmosfera, desaparecendo desta forma o chamado' "efeito estufa", criado pelo gás carbônico, que mantém a temperatura no solo em mais de 400°C. É provável mesmo, segundo Sagan, que o oxigênio se combine na atmosfera venusiana, criando uma camada de ozônio, que proteja os futuros habitantes do planeta, que para Vênus emigrarem.

Será que o aparecimento das algas no planeta Terra foi o resultado da primeira intervenção daquelas civilizações interessadas no processo de colonização? Uma coisa é certa: a atmosfera que hoje respiramos, rica em oxigênio, começou a ser gerada pelas algas. A própria explosão cambriana, não teria sido também o produto de uma destas intervenções na evolução da vida no planeta? Por volta de 500 milhões de anos atrás, novas espécies já habitavam aquele que no futuro seria o nosso lar planetário. E por incrível que pareça, temos evidência direta da presença extraterrena justamente neste período de tempo.

Descobertas desconcertantes

W. J. Meister descobriu nas proximidades de Antelope Springs, no Estado de Utah (EUA), duas pegadas de pés calçados solidificadas em uma camada geológica de 500 milhões de anos. Teriam sido produzidas por sapatos ou botas semelhantes aos nossos atuais, e nos levam a supor que a criatura que as deixou devia ser muito semelhante ao homem que está na Terra. Uma destas, inclusive, esmagou um animal típico daquele período, um trilobita, encontrado fossilizado.

Este achado, evidentemente, não comprova apenas a presença de uma única criatura extraplanetária em nosso planeta, pois o processo que permite uma preservação deste tipo é muito difícil de acontecer. É necessário que as pegadas sejam impressas sobre terreno impregnado de água, portanto maleável, para permitir a gravação dos "rastros" que, em raras oportunidades, podem reproduzir uma imagem fiel, perfeita, do vetor responsável. A fase seguinte é ligada a preservação. A grande maioria delas certamente é destruída com o passar do tempo pelo intemperismo ou mediante erosão. Mas se por acaso tais pegadas forem cobertas por outros sedimentos e se conservarem na superfície de descontinuidade existente entre duas camadas compostas de materiais diferentes, por exemplo, lama e areia, os sedimentos soltos podem ter tempo de ser cimentados pelos sais minerais, transportados pelas infiltrações de água, tornando-se estruturas praticamente "indestrutíveis". Achá-las, entretanto, certamente será probabilisticamente algo difícil, pois é necessário que elas sejam "desnudadas", para que apareçam na superfície, seja por obra da natureza (erosão), ou por um golpe de sorte da atividade humana. Portanto, já que nós encontramos estas pegadas, logicamente muitas outras foram deixadas pela atividade no planeta de outros membros daquelas civilizações extraplanetárias, mas, como a quase totalidade das nossas atuais, não foram preservadas.

É interessante notar que o registro fóssil da vida em

nosso mundo de forma alguma comprova uma evolução gradual desta. Tais registros mostram justamente o oposto, ou seja, poucas transições suaves de espécie para espécie. Novos organismos parecem surgir de maneira totalmente repentina. Estes "saltos" chegaram a incomodar o próprio Darwin. Ele declara isto de maneira objetiva em *A Origem das Espécies*:

> Por que então todas as formações geológicas e todos os estratos não são ricos em formas intermediárias? Por certo a geologia não revela nenhuma cadeia orgânica perfeitamente graduada: e talvez seja esta a mais grave objeção que possa ser anteposta à minha teoria.

A partir da evidência da presença de criaturas extraplanetárias justamente na época em que a vida começava a se multiplicar (explosão cambriana), julgamos não ser incoerente aceitar um controle e interferência nos acontecimentos planetários, remontando no mínimo à referida época. Achamos possível, entretanto, fazemos questão de declarar, tal controle remontar ao período no qual surgiram as algas. Mas quando teria começado o processo de implantação da vida humana? Defendemos a ideia que este teve início muito tempo depois, no findar da era dos grandes sáurios.

Em 1948, na Ásia Central soviética, paleontólogos acompanhavam as operações de terraplenagem que estavam sendo feitas com fins hidrelétricos em vales dos Montes Tian-Chan. As perfurações acabaram por superar as previsões mais otimistas: as escavadeiras trouxeram à luz um imenso "cemitério" de dinossauros. Um fato deixava os especialistas estupefatos: todos os crânios e as omoplatas estavam marcadas com perfurações semelhantes às que seriam produzidas por armas de fogo.

O especialista soviético em "cemitérios" de dinossauros, professor Efremov, já havia sido chamado a Sikiang (China), em 1939, onde operários de construção haviam descoberto um crânio de dinossauro que trazia também uma misteriosa perfuração. Este cientista, que teve oportunidade de estudar estes fósseis, acredita que seres extraplanetários exterminaram aqueles gigantes mediante armas idênticas aos nossos mais modernos fuzis, ou mesmo através de armas "laser". Teria sido mais um passo para permitir a implantação da vida humana? Uma coisa é certa: há pouco menos de 70 milhões de anos, os dinossauros, que tinham dominado o planeta por cerca de 150 milhões de anos, desapareceram misteriosamente da face da Terra.

Ao mesmo tempo que aqueles gigantes desapareciam, surgia na Terra a primeira flor, um salto evolutivo da vida vegetal, em nossa opinião ocorrido mediante uma nova semeadura, ou através de mutação genética dirigida artificialmente. A simultaneidade destes acontecimentos não seria obra do acaso. Talvez tenham sido as duas últimas intervenções antes da implantação da vida humana.

A descoberta mais sensacional, porém, ainda não recebeu por suas próprias dimensões o reconhecimento que lhe é devido. Estamos falando das "pedras gravadas de Ica", desenterradas em Ocucaje, zona peruana rica em restos arqueológicos. Em suas gravações podemos ver homens que, através de telescópios, observam estrelas. Já outras pedras representam, em seus desenhos, homens convivendo com animais que se extinguiram há milhões de anos, como os próprios dinossauros. Transplantes de corações, operações cranianas, as configurações primitivas dos continentes são também representadas nos desenhos.

As "pedras de Ica" confirmam o contato e o convívio de povos extraplanetários com a Terra e sua vida, desde o Período Devoniano (405 a 345 milhões de anos atrás). Foram achadas 205 pedras descrevendo o ciclo reprodutivo do ágnato, um tipo de peixe primitivo sem maxilares que viveu nesse tempo, como também a presença destas criaturas, civilizações, em alto grau de desenvolvimento, até poucos milhões de anos atrás, pois outras pedras representam em seus desenhos animais que viveram há poucos milhões de anos.

E interessante ressaltar que os desenhos de uma das milhares e milhares de pedras já descobertas, representa justamente o extermínio de dinossauros por criaturas semelhantes a nós. Tanto os desenhos como as partes não gravadas das pedras estão cobertas com uma camada de oxidação natural, que garante o caráter arqueológico dos desenhos. As "pedras de Ica" trazem conhecimentos das mais diferentes áreas do saber, formando em conjunto uma verdadeira biblioteca, capaz de obrigar nossa humanidade a reescrever sua história no planeta.

O professor Chu Min-chen, durante uma expedição no deserto de Gobi, fez também uma estranha descoberta, considerando-se os padrões normais de nossa antropologia. Ele encontrou, em 1959, uma impressão perfeita da sola de uma bota tamanho 43, em uma rocha, datando esta de 2 milhões de anos atrás. Supõe-se que a pegada, em princípio em areia mole, úmida, solidificou-se por efeito de sedimentação, da maneira que explicamos anteriormente. Este achado confirma mais uma vez a presença de criaturas semelhantes a nós vivendo numa época que, segundo nossa antropologia, o homem não havia surgido. Uma outra pegada deste tipo foi encontrada no condado de Pershing, no Estado de Nevada (EUA), solidificada em uma pedra calcária do Triássico, que compreende o período entre 181 a 230 milhões de anos atrás, ou seja, em plena Era Mesozóica.

Jacques Bergier faz menção, por sua vez, a uma série de objetos metálicos que têm sido encontrados no interior de rochas com milhões de anos de idade, e que depois de circularem pelos museus, simplesmente "desaparecem", como se fossem objetos "heréticos'

Um destes, encontrado em 1885, em uma mina de carvão da Alemanha, incrustado numa camada que data do Terciário, tinha a forma de um cubo, com duas de suas faces opostas arredondadas, medindo 67 por 47 milímetros, pesando cerca de 785 gramas. Tinha ainda uma incisão profunda que o circulava bem ao meio de sua altura (eixo maior). Este objeto passou a fazer parte do acervo do Museu de Salzburgo. Em 1910, entretanto, foi constatado que não mais figurava no inventário da citada instituição. Infelizmente alguns museus têm o péssimo hábito de "enterrar" aqueles achados que possam contrariar as ideias já estabelecidas. A partir disto, muitas vezes, troca-se o conhecimento por verdades passageiras.

Mais surpreendente ainda foi a descoberta ocorrida em uma mina perto de Hammondsville, Ohio, EUA, de propriedade do capitão Lassy. Um de seus mineiros estava trabalhando na mesma, quando uma grande quantidade de carvão caiu, revelando um muro de ardósia, coberto por várias inscrições. Estudiosos chegados das mais diferentes regiões do país constataram uma certa semelhança entre estas e os hieróglifos egípcios. O problema era que, levando-se em conta a antiguidade deste veio de carvão, as inscrições teriam que ter pelo menos dois milhões de anos. Infelizmente, elas se oxidaram rapidamente, não permitindo um estudo mais profundo. Na época atual elas seriam preservadas mediante cobertura plástica, através de processo pulverizador. Gostaríamos de perguntar aos antropólogos: quem usava escrita há dois milhões de anos?

Entendendo os cataclismos

Mas, se houve realmente uma colonização de nosso planeta por parte de criaturas de avançadas civilizações, das quais seríamos descendentes, por que há poucos milhares de anos estávamos vivendo em cavernas, de maneira tão primitiva?

Como mencionamos no início deste nosso capítulo, ocorreram, segundo as informações obtidas através dos contatos, uma serie de cataclismos, gerados pelo aumento da atividade de nosso Sol, ou pela explosão de uma estrela nas proximidades de nosso sistema solar. Não existe concordância entre os contatados neste aspecto. Vamos comentar, portanto, as duas possibilidades, alternativas, que teriam provocado um retrocesso evolutivo no homem, jogando-o na barbárie.

 Assumamos primeiro a possibilidade de ter sido um incremento na atividade de nossa estrela a causa de nossa queda. Se isto realmente foi um fato, tal variação não poderia, devido à curta distância que nos separa, aproximadamente 150 milhões de quilômetros, ter sido muito violenta em termos cósmicos, pois, se isto tivesse acontecido, toda a vida no planeta teria perecido. Um aumento, porém, no número de erupções, acompanhado de ejeções de gases (denominadas em astronomia de protuberâncias), juntamente com o aumento do chamado "coeficiente de Wolf" pertinente ao aumento do número e tamanho das manchas solares, poderia realmente produzir os efeitos relatados pelos contatados, ou seja, a inclinação do eixo da Terra, com os cataclismos decorrentes e também as degenerações nos descendentes biológicos dos colonizadores, já que tanto os cinturões magnéticos que protegem a Terra das perigosas radiações cósmicas (raios cósmicos), como a camada de ozônio que filtra os raios ultravioletas do Sol, teriam suas capacidades protetoras reduzidas. Nós sabemos que o nosso Sol é uma estrela bastante estável, e assim deverá permanecer por alguns bilhões de anos. Flutuações "pequenas", entretanto, podem ter ocorrido no passado, e poderão acontecer mesmo em nossa época.

 Se aqueles cataclismos mencionados foram produzidos a partir da explosão de uma estrela, teríamos tido então o fenômeno de uma supernova.

 No dia 4 de julho de 1054, os chineses registraram o que chamaram de "estrela convidada" na constelação do Touro. Um objeto nunca visto antes aparecia no céu. Do outro lado do planeta, alguns anasazis, precursores dos atuais Hopis, no que é hoje o Estado do Novo México, observaram o mesmo fenômeno. Esta estrela, distante cinco mil anos-luz, explodiu com tal violência que se tornou por várias noites a mais luminosa, apesar da grande distância. Hoje, no seu lugar, através de telescópios, podemos ver apenas uma nuvem de gás e poeira, conhecida como nebulosa do Caranguejo, o resultado de uma catástrofe cósmica. Se existiam planetas em torno dela, certamente foram destruídos. Sistemas solares próximos, de uma forma ou de outra, foram afetados. Em média, temos uma supernova por galáxia a cada 200 anos. Felizmente, para nossa atual civilização, as supernovas em nossa galáxia nos últimos milênios estavam a milhares de anos-luz.

Uma estrela maciça, com pelo menos duas vezes a massa de nosso Sol, no fim de sua vida começará a encolher até atingir um grau de densidade crítico, quando seu interior será formado por um único núcleo atômico gigante. A partir daí ocorre uma gigantesca explosão, permitindo que a estrela, algumas vezes, brilhe mais até que o conjunto das outras de sua galáxia. Se no passado ocorreu uma explosão deste tipo nas vizinhanças de nosso sistema solar, coisa que probabilisticamente seria bem viável, suas ondas de choque, de alto teor energético, poderiam não só ter provocado os cataclismos descritos, como principalmente, mutações nas formas de vida do planeta, provocando inclusive mutações regressivas nos humanos descendentes do processo colonizador. Como observamos, tanto o problema poderia ter sido causado pelo aumento de atividade no nosso Sol, como por uma supernova. Esperamos, talvez através de outros contatos, ter mais detalhes, uma definição a respeito da verdadeira origem das ondas de choque que teriam destruído aquela civilização implantada e jogado o homem na barbárie.

A história dos achados antropológicos

Segundo as informações recebidas nos contatos, as civilizações que haviam implantado o processo colonizador, tempos depois dos grandes cataclismos, enviaram algumas astronaves à Terra. Suas tripulações encontraram um mundo desfigurado e o homem mergulhado na barbárie, degenerado biologicamente. A partir daí o homem foi submetido a um processo recuperativo em níveis biológicos, genéticos. Com o passar do tempo, as degenerações cessaram. Infelizmente, ao ser reintegrado totalmente à liberdade, o homem não preservou as características da espécie e irmanou-se aos degenerados. A tentativa de recuperar a curto prazo a normalidade para os "terrestres" falhara. Existirá respaldo antropológico para tais informações?

Deixemos de lado um pouco as informações dos contatos para vermos alguns aspectos da história de nossa antropologia. No verão de 1856, no vale do rio Neander, nas proximidades da cidade de Dusseldorf (Alemanha), trabalhadores abriam uma caverna através de uma explosão, na tentativa de descobrir calcário. Ao remexerem o entulho, descobriram uma série de ossos antigos. Infelizmente, como os interesses eram simplesmente comerciais, vários destes foram destruídos, ficando preservados apenas a calota craniana e alguns fragmentos de parte do esqueleto. Tal ossada pertence a um tipo de homem primitivo que viveu entre 35 mil e 100 mil anos atrás. Ficou conhecido como o Homem de Neanderthal.

No ano de 1887, o anatomista holandês Eugène Dubois, acompanhado de sua família, partia para Sumatra, no que na época foi considerada uma aventura louca. Naqueles anos, o ponto focal da antropologia era certamente a Europa. Dubois, entretanto, estava convencido que poderia encontrar fósseis de ancestrais do homem. Não conseguindo apoio financeiro para sua expedição, empregou-se como médico no Exército holandês na Índia Ocidental, atividade que lhe permitiria realizar suas pesquisas. Depois de dois anos trabalhando, após um ataque de malária, acabou sendo transferido para Java onde, inclusive, passou a ter mais tempo livre. Nesta época, o próprio governo de seu país resolveu dar-lhe certo crédito, fornecendo alguns subsídios para suas atividades de pesquisa. Em 1891, num sítio localizado ao longo do rio Solo, nas proximidades da aldeia de Trinil, Dubois encontrou uma calota craniana bem mais espessa do que a do homem de nossos dias, ostentando grandes arcadas supraciliares.

Dez meses depois, encontrou um fêmur fóssil a cerca de 15 metros da posição do achado anterior. Os primeiros ossos do chamado Homo *erectus* estavam descobertos.

Caberia a Raymond Dart, professor de anatomia da Universidade de Witwatersrand, na África do Sul, através da revista inglesa "Nature", anunciar em 1925 a descoberta de um outro fóssil pertencente a um suposto ancestral nosso, encontrado em uma caverna localizada em Taung, no final de 1924. Os restos de um crânio de uma criatura que, segundo ele, não era nem um antropoide, nem um homem. Tratava-se do fóssil de uma "criança" que havia vivido numa época bem recuada, há centenas de milhares de anos atrás, ou mesmo alguns milhões. Este tipo de criatura passou a ser chamada de Australopithecus, que significa simplesmente "macaco do sul". Alguns outros achados feitos ainda na África do Sul, a partir de 1938, revelaram uma variação, um segundo tipo de Australopithecus, com enormes molares e proeminentes inserções relativas aos músculos da mandíbula. Esta criatura foi batizada de Australopithecus *robustus*.

Mais dois tipos de Australopithecus foram descobertos posteriormente. O primeiro destes parece ser uma variação do próprio *robustus*, ainda mais fortificada, cujo primeiro fóssil foi descoberto por Mary Leakey no dia 17 de julho de 1959, na Garganta Olduvai, na Tanzânia. Esta nova espécie passou a ser conhecida como Australopithecus boisei, em homenagem a Charles Boise, um empresário inglês que financiou muitas das pesquisas da família Leakey. O outro tipo, cujos primeiros fósseis começaram a ser descobertos já na década de 70, em Hadar, no Triângulo de Afar, na Etiópia, recebeu á denominação de Australopithecus *aferensis*.

Na década de 30, começaram a ser achados em várias partes da Europa uma série de crânios claramente humanos, mas que traziam ainda algumas características primitivas. As partes posteriores destes coincidem com as variações do homem atual, porém tinham ainda arcadas supraciliares avantajadas e uma testa mais fugidia; entretanto, eram bem mais avançados, modernos, do que os crânios do chamado Neanderthal. Segundo as datações feitas por métodos comparativos, tinham entre 200 e 300 mil anos de idade, ou seja, eram pelo menos 100 mil anos mais antigos que os do Neanderthal. Este tipo de homem primitivo é conhecido hoje como Homo *sapiens*, ou Homo *sapiens* arcaico, e nossa espécie por Homo *sapiens sapiens*. Estes achados começaram a complicar o esquema antropológico, questionando a posição do Neanderthal, que figurava inquestionavelmente como ancestral imediato do homem atual.

Recentemente, entrou para a série de supostos ancestrais do Homem, mais uma espécie, o chamado Homo *habilis*, denominação surgida a partir de duas descobertas. A primeira feita na Garganta Olduvai, Tanzânia, em 1961, pertinente a alguns fragmentos de um crânio de uma criatura que havia vivido há quase dois milhões de anos. A segunda foi feita em 1972, nas proximidades do lago Turkana, no Quênia: um crânio praticamente completo de um hominídeo que viveu, talvez, há três milhões de anos, e tinha um cérebro inclusive maior que o do Homo *habilis* encontrado em Olduvai.

Segundo os antropólogos, estas seriam as espécies ligadas à origem de nossa humanidade. Se no início, ainda com um número reduzido de achados, a coisa parecia poder ser sustentada em termos lógicos, com o passar das décadas as dificuldades têm aumentado, levando inclusive ao surgimento de esquemas evolutivos diferenciados. Mesmo hoje continua existindo um grande "vazio fóssil", com milhões de anos entre o chamado Ramapithecus e os hominídeos tidos como nossos ancestrais. Esta criatura seria, para alguns, o ancestral comum dos homens e antropoides modernos.

David Pilbeam, um dos maiores especialistas em avaliação de fósseis hominídeos da atualidade, escreveu:

> É minha convicção que existirão sempre alguns aspectos da evolução humana que nos iludirão. Deveríamos ser francos e honestos a respeito. Até agora os louros sempre foram dados aos que pareciam surgir

> com respostas. É salutar pensar que talvez no futuro os prêmios serão fornecidos aos que são capazes de diferenciar entre as questões, as que não têm respostas e as que têm... Se você convidasse um cientista talentoso de outra disciplina e lhe mostrasse a escassa evidência de que dispomos, ele com certeza diria: não pense mais nisso; não há elementos suficientes para progredir.

Richard Leakey, do Museu Nacional do Quênia, também um dos pesquisadores mais ativos da área antropológica, declara por sua vez:

> Reconheço que ainda está para ser proposta uma teoria coerente com a qual todos possam concordar com absoluta sinceridade; isto seria esperar muito de uma ciência que se modifica com muita rapidez e que com frequência é permeada de carga emocional.

Um novo esquema antropológico

Nós a partir de agora, vamos tentar achar um pouco de luz no meio do quebra-cabeça antropológico. Contamos, para este trabalho, com as informações recebidas mediante os contatos ufológicos, como também com aqueles achados que são ignorados por nossa ciência, pois contrariam justamente o esquema antropológico vigente. Antes de mais nada, devemos tentar separar as espécies que podem não estar relacionadas, na verdade, com a jornada humana no planeta.

Vamos começar pelo outro lado do "vazio fóssil". Os chamados Ramapithecus viveram entre quatorze e sete milhões de anos atrás na Ásia, África e Europa. Esta criatura, segundo nossa ciência, pesava cerca de 20 Kg e aparentemente dividia seu tempo entre as árvores e o solo. Mas para que se tenha uma boa ideia da verdadeira situação, devemos ressaltar que tudo que se fala a respeito de tal criatura é baseado em poucos dentes e ossos de mandíbulas descobertos nos três continentes mencionados acima.

Do nosso lado do "vazio fóssil" encontramos já o Australopithecus *aferensis*. O seu exemplar mais antigo, um fragmento de mandíbula inferior, ainda com dois dentes molares, foi encontrado nas proximidades de Tabarin, no Quênia, em 1984. Segundo os processos de datação teria quase cinco milhões de anos. É difícil, entretanto, ver o Australopithecus como resultado de uma evolução natural do Ramapithecus, ideia defendida por muitos antropólogos. Enquanto este último viveu, como já mencionamos, na África, Ásia e Europa, os Australopithecus ficaram sempre restritos à África. Se existisse ligação direta entre as duas espécies (pelo menos ligação natural), a Europa e a Ásia deveriam também ter conhecido populações desse outro.

Os Australopithecus *aferensis* tinham um cérebro muito pequeno, com menos de 400 cm^3, mas já tinham efetuado, segundo os antropólogos, um movimento evolutivo importante: andavam já eretos. A segunda espécie de hominídeo que mais recua no tempo em direção ao "vazio fóssil" é o tipo de Australopithecus apresentado por Raymond Dart, conhecido como *africanus* (ou gracil). Esta espécie tinha uma capacidade intracraniana girando entre 430 cm^3 e 600 cm^3, e uma altura variável entre 1 e 1,2 metros. O *africanus* apareceu por volta de três milhões de anos atrás. Já o Australopithecus *robustus* parece ter surgido um pouco depois, desaparecendo mais tarde. Esta espécie como o próprio nome indica, era bem mais robusta, com uma altura que deveria passar em alguns espécimes de 1,5 metros. Tinha, entretanto, um cérebro pouco diferente do *africanus*, com uma capacidade intracraniana em torno de 500 a 550 cm^3. O Australopithecus *boisei* era ainda maior, atingindo possivelmente mais de 1,7 metros de altura. Seu cérebro, entretanto, pouco diferia do *robustus*, do qual, segundo alguns, teria evoluído. O primeiro crânio destes a ser descoberto, o encontrado por Mary Leakey, datado através dos modernos métodos radioativos, tinha cerca de 1.750.000 anos. Tanto o *africanus* como o *robustus* e o próprio *habilis*, são tidos por vários antropólogos como descendentes do Australopithecus *aferensis*. Richard Leakey, entretanto, discorda pelo menos em parte desta proposta. Segundo ele, na mesma época em que viveu o *aferensis* a linha "Homo", cuja evolução resultaria no homem atual, teria já o seu representante, um antecessor do Homo *habilis*.

Nós vamos discordar de ambas as propostas, pelo menos parcialmente, pois não podemos atribuir a nenhuma das espécies de Australopithecus, nem ao Homo *habilis*, a responsabilidade pela pegada de pé calçado encontrada solidificada em uma rocha, remontando esta a pelo menos dois milhões de anos, descoberta, como já mencionamos antes, pela expedição do professor Chu Min-chen no deserto de Gobi. A mesma coisa podemos dizer em relação às inscrições encontradas em Hammondsville (EUA) e que datam da mesma época, confirmando, entre outros achados, a existência no planeta de uma cultura avançada na época que os Australopithecus e o *habilis* viveram. Como as informações recebidas através dos contatos, falam que somos descendentes de um processo colonizador, e estes achados confirmam a presença, ainda em níveis elevados daquela civilização implantada até por volta de dois milhões de anos atrás, qualquer hominídeo que tenha aparecido antes desta época certamente não estará relacionado a nível de processo evolutivo com o homem atual.

Entre as muitas informações deixadas por aquela civilização que habitou o planeta em épocas remotas, gravadas nas já mencionadas pedras de Ica, estão justamente referências a um processo de mutação artificial implementado em uma criatura "simiesca" com a finalidade de produzir, aparentemente, algo semelhante ao homem. Não teriam os Australopithecus e o próprio *habilis* surgido mediante estas experienciações, feitas talvez a partir do próprio Ramapithecus, ou de um descendente seu ainda não descoberto, que teria vivido no "vazio fóssil"? Se tal civilização fez realmente estas experiências genéticas, deve ter escolhido, para fim de melhor controlar seu desenvolvimento, uma única região do planeta. Talvez esta seja justamente a resposta para o fato de só encontrarmos os Australopithecus e o *habilis* na África.

Um dos problemas da antropologia atual é justamente a proliferação dos hominídeos em várias correntes evolutivas paralelas, existentes a partir de três milhões de anos atrás. Como os antropólogos se baseiam exclusivamente nas provas fósseis, cada um, praticamente, defende um esquema particular. A nossa proposta torna compreensível tal realidade.

Pelo que vimos nos últimos parágrafos, fica bem claro que não podemos aceitar como fazendo parte de nossa linhagem evolutiva as quatro espécies de Australopithecus e mesmo o Homo *habilis*. Já o chamado Homo *erectus* deve figurar na corrente que nos liga aos nossos antepassados vindos de outros mundos. Ele parece ter tudo para ser o produto imediato do processo cataclísmico, ou seja, aquele homem primitivo que surgiu, segundo as informações dos contatados, mediante mutações degenerativas nos descendentes das populações colonizadoras. Curiosamente, o período em que este aparece no planeta é muito próximo da época em que, segundo estudos dos núcleos das rochas de extratificações geológicas, ocorreu uma importante reversão do campo magnético terrestre, ou seja, há 1.900.000 anos, quando o planeta ficou desprotegido dos raios cósmicos.

Talvez o próprio *habilis*, devido às mesmas causas, tenha passado também por um processo regressivo. O crânio deste achado em 1961, tem menos de dois milhões de anos, portanto seria posterior ao processo cataclísmico, enquanto o descoberto em 1972 remonta a quase 3 milhões de anos. O interessante é que o exemplar mais antigo, o que mais recua no tempo, tinha um cérebro bem maior, chegando a quase 800 cm^3.

Voltemos ao Homo *erectus*. Vejamos o que nos diz Richard Leakey a respeito dele:

> ...Se, por um passe de mágica, um indivíduo Homo erectus fosse a um baile de máscaras — por exemplo, a Festa das Bruxas — na Londres ou Nova York do

> século XX, a sua postura e aparência geral não teriam ocasionado nenhum comentário especial, talvez apenas algum comentário sobre a sua pequena estatura, mas sem nenhuma surpresa. Porém que enorme choque os convidados teriam sofrido ao chegar a meia-noite — hora de se tirar as máscaras! Nosso atávico convidado teria um crânio extremamente achatado, arcos supraciliares proeminentes. E se alguém tivesse a preocupação de examiná-lo, seus dentes molares teriam parecido muito maiores do que aqueles que um dentista atual está acostumado a ver.

As informações dos contatados ressaltam que a parte mais afetada dos descendentes dos colonizadores, a partir dos cataclismos, pela mutação genética, regressiva, foi justamente o cérebro, ou seja, a parte da cabeça. O Homo *erectus*, como acabamos de ver nas palavras de Leakey, distinguia-se basicamente do homem atual no aspecto facial, na conformação craniana. Inclusive alguns espécimes de *erectus* tinham cérebros maiores do que de algumas pessoas que vivem hoje. Um outro detalhe que distingue o *erectus* dos outros hominídeos predecessores, um detalhe fundamental que mostra seu grau de inteligência, sua capacidade reflexiva, é a utilização do fogo. Este homem primitivo (em nossa opinião "degenerado") cozinhava já a carne antes de ingeri-la.

Os exames feitos recentemente nos dentes fósseis dos hominídeos através de um microscópio eletrônico pelo pesquisador Alan Walker, da Universidade John Hopkins, em Baltimore (EUA), com a finalidade de estudar os arranhões deixados no esmalte e dentina pelos alimentos, comprovam uma clara ruptura a partir do *erectus*. Os dentes do Australopithecus e mesmo do Homo *habilis*, mostravam um mesmo padrão de desgaste, com esmalte aplainado, semelhante ao do chipanzé (comedores de frutos). Quando examinou dentes do Homo *erectus* notou que o padrão mudava radicalmente. Havia várias cicatrizes no esmalte, evidenciando uma alimentação bastante diversificada, na qual certamente se incluiria raízes, tubérculos etc. Interessante é que não foram encontrados sinais de terem descarnado ossos. O *erectus* certamente não foi tão rude como alguns pensavam até pouco tempo. Foi com ele também que surgiu a tecnologia de artefatos líticos acheulense, que recebeu esta denominação a partir de Saint-Acheul (França), onde foi identificada pela primeira vez. São "ferramentas" de pedra simples que servem para talhar, cortar e perfurar. O *erectus* já utilizava também peles de animais como vestimenta e, segundo alguns antropólogos, talvez já praticasse algum tipo de ritual religioso.

A teoria antropológica prega que o Homo *erectus* surgiu na África e só depois partiu para habitar a Europa e Ásia, ou seja, os fósseis mais antigos destes terão que estar no continente africano. Já em nossa tese, o *erectus* teria surgido simultaneamente nestes três continentes, pois seria, como já falamos antes, o produto da degenerescência daquelas populações descendentes dos colonizadores. Depois de Dubois, foram achados em Java vários outros fósseis do *erectus*. A Indonésia, porém, devido às condições em que os mesmos foram preservados, tem oferecido dificuldades para datações precisas. As propostas oscilam entre 700 mil e quase dois milhões de anos. Se fosse confirmada a validade desta última, estaríamos de posse de mais uma evidência em favor de nossa tese.

Até 1983 os mais antigos exemplares fósseis do *erectus*, encontrados na África, remontavam a 1,5 milhões de anos. Neste mesmo ano foram descobertos, por uma equipe de pesquisadores espanhóis, chefiados pelo professor José Gilbert Cios, da Universidade de Barcelona, nas proximidades da cidade de Orce, no sul da Espanha, os restos de um Homo erectus (um jovem de 17 anos), cuja idade limite foi calculada em torno de 1,6 milhões de anos. Já em 1984, a agência oficial soviética Tass, anunciava a descoberta de um local na Sibéria onde os homens já usavam fogo há pelo menos 1,5 milhões de anos. Os cientistas soviéticos afirmaram que o achado revolucionaria as teorias sobre a origem do homem. Segundo a Tass, cerca de 1.500 objetos "inconfundivelmente tocados por mãos humanas" foram encontrados em pesquisas feitas numa região próxima a cidade de Dering-Yuryakh, no distrito siberiano de Yakut. Segundo os cientistas, os artefatos tinham entre 1,5 e 2 milhões de anos. Os especialistas soviéticos também concluíram que, na época em que os homens de Yakut (Homo *erectus*) estavam fazendo seus objetos, a temperatura naquele distrito era oito graus abaixo do que a atual (aproximadamente 70 graus negativos), o que significa que eles se vestiam com "sofisticação" e sabiam usar o fogo para aquecer-se. A Tass explicava ainda que: "a idade estimada para o homem siberiano era a mesma abribuída aos Australopithecus da África — considerados ancestrais do homem atual — o que será mais um fator para o reestudo das teorias sobre a evolução do homem". Este comunicado da agência soviética, as descobertas de Yakut, liquidam totalmente o esquema antropológico vigente, pois comprovam a presença do Homo *erectus* há mais de 1,5 milhões de anos numa região em que, segundo os padrões cronológicos estabelecidos, ele não poderia estar.

Ainda em 1984 ocorria o golpe final, definitivo. No mês de outubro, o Museu Nacional do Quênia anunciava a descoberta, feita dois meses antes, de um esqueleto fóssil, quase completo, de um menino de 12 anos, que presumivelmente havia morrido afogado na região ocidental do já mencionado lago Turkana, atualmente desértica. Os restos, 70 peças fossilizadas do mais antigo Homo *erectus* encontrado, foram datadas como tendo no mínimo 1,6 milhões de anos, jogando por terra as teorias científicas de que os primeiros homens eram menores, curvos e mais fracos que os humanos atuais. Para Richard Leakey, diretor atualmente do Museu, nossos ancestrais eram muito diferentes do que até agora imaginávamos. Ao falecer, o menino media 1,60m e pesava cerca de 65 quilos. Segundo Leakey, se ele tivesse atingido a idade adulta, teria atingido a altura de 1,80m ou mais. O que este cientista não explica é como um *erectus* tão recuado no tempo poderia ter estas características.

Pelo que vimos nos últimos parágrafos, quando as

astronaves dos mundos que haviam implantado o processo colonizador aqui chegaram, depois dos cataclismos, encontraram o tipo de "homem primitivo" que nossa ciência denomina de Homo *erectus*.

Um outro problema com que a moderna antropologia se defronta é aquele pertinente à origem das várias raças humanas existentes no planeta, pois segundo esta mesma ciência, todos os homens seriam descendentes de uma evolução ocorrida na África. Segundo alguns antropólogos, a perda do pelo espesso teria ocorrido num estágio precoce do desenvolvimento do Homo *erectus*, quando este ainda estava restrito ao solo africano. Teria surgido um aumento na pigmentação como defesa para os raios solares. A partir das migrações para climas mais frios, esta pigmentação ter-se-ia tornado uma desvantagem, já que a pequena quantidade de sol existente não poderia catalisar a reação química da pele que produz a vitamina D. Pouco a pouco, mediante seleção genética, a pele foi ficando mais clara. As populações que permaneceram na África mantiveram a cor negra original. Esta explicação, em nosso modo de ver, é muito simplista. Nós não discutimos que o meio ambiente, com o passar do tempo, pode promover lentamente alterações nos seres vivos, mas de forma alguma podemos explicar tamanha diferenciação racial pelo processo aventado por nossa antropologia. O próprio Darwin em *A Descendência do Homem e a Seleção Relativa ao Sexo*', dedicou um capítulo a este tema. Ele declara:

> Não existe, contudo, nenhuma dúvida de que as várias raças, se comparadas e medidas com cuidado, diferem muito uma da outra — como no tipo dos cabelos, nas proporções relativas de todas as partes do corpo, no volume dos pulmões, na forma e dimensão do crânio... As raças diferem também na constituição, na aclimatação, na circunstância de serem suscetíveis a certas doenças. As suas características mentais são igualmente bastante distintas, em primeiro lugar pelo que poderia aparecer nas suas faculdades emocionais, mas em parte por suas facul-

dades intelectuais. Todo aquele que tiver tido a oportunidade de fazer uma comparação, deve ter ficado surpreso com o contraste entre o taciturno e sempre extravagante aborígene da América do Sul e o negro loquaz e alegre. Existe um contraste bastante semelhante entre os malaios e os papuas, que vivem nas mesmas condições físicas e estão separados entre si apenas por um estreito braço de mar.

Como acabamos de ver, não podemos aceitar tão rapidamente, como querem os antropólogos, que as condições ambientais diferenciadas sejam responsáveis por tamanha diferenciação racial, pois como sabemos, divergimos em muitos pontos além da cor da pele. A explicação mais lógica, em nosso modo de ver, pelo que vimos até agora, é aquela dada através dos contatos ufológicos, ou seja, os povos extraplanetários, originários de vários planetas distintos, distribuíram-se pela face do planeta de acordo com as zonas climáticas mais favoráveis às suas naturezas. Portanto, as diferenças raciais hoje existentes não são resultantes de adaptações ao meio ambiente, pelo contrário, cada grupo racial extraplanetário teria, como acabamos de mencionar, escolhido a região do planeta em que melhor poderia viver. Tais diferenças raciais estariam já presentes desde o processo de implantação, colonização do planeta, e, portanto, em época anterior à do aparecimento do chamado Homo *erectus* (descendente degenerado do processo colonizador), no qual elas persistiram.

Como vimos no início deste capítulo, na síntese das informações recebidas através dos contatos, grupos daquelas civilizações cósmicas ligados ao processo colonizador, após a queda do homem, passaram a trabalhar com a finalidade de promover a elevação daquela humanidade decaída. O primeiro passo, segundo estas informações, foi tentar promover o reaparecimento do homem, corrigindo aqueles efeitos gerados pelas mutações regressivas do processo cataclísmico.

Por volta de 250 mil anos atrás, segundo os registros fósseis, apareceu no planeta o que chamamos de Homo *sapiens*. Este outro tipo de "homem primitivo", como já mencionamos antes, tinha já a parte posterior do crânio dentro dos limites de variação do homem atual, com capacidade craniana semelhante à deste; porém preservando ainda grandes arcadas supraciliares e uma testa fugidia, que não era, porém, suficientemente primitiva para se enquadrar na amplitude de variação do Homo *erectus*, seu antecessor. Interessante é que os fósseis do Homo *erectus*, ao longo de centenas de milhares de anos não revelam sinais evidentes de transformação em direção ao *sapiens*. Acreditamos que o Homo *sapiens* surgiu a partir de mutações corretivas implementadas em populações do *erectus* por aqueles grupos extraplanetários que estavam aqui trabalhando no processo recuperativo do homem, pois não podemos aceitar o enorme salto evolutivo dado por este tipo de "homem primitivo", repentinamente, em relação ao seu antecessor, como obra simplesmente da natureza.

As informações dos contatados, como observamos na síntese das mesmas apresentada por nós, fazem menção a um retrocesso evolutivo quando grupos, em adiantado estágio recuperativo, se irmanaram a outros que traziam ainda muitas características "primitivas", regressivas. O chamado Homem de Neanderthal parece ser o resultado desta irmanação, procriação entre os remanescentes degenerados dos cataclismos (Homo *erectus*) com populações do tipo Homo *sapiens*.

O Neanderthal aparece no registro fóssil há cerca de 100 mil anos atrás, portanto, esta deve ter sido a época de tal irmanação. Este "homem primitivo", apesar das suas características morfológicas, foi considerado por muito tempo como ancestral imediato do homem atual. Apresenta características bastante contraditórias. Possuía exagerado desenvolvimento das arcadas supraciliares, testa fugidia, maxilares maciços e quase ausência de queixo. Estas características primitivas associavam-se a um crânio de capacidade bastante elevada (1.400 cm^3 em média), inclusive superior à do homem atual. Como vemos, o chamado Neanderthal traz ao mesmo tempo características típicas do Homo *erectus* juntamente com um cérebro maior que o nosso. Esta espécie, conhecida hoje cientificamente como Homo *sapiens neanderthalensis*, é considerada por muitos antropólogos como um desvio evolucionário infeliz do caminho que iria levar ao aparecimento do homem moderno. Em nossa tese, cuja proposta não é muito diferente, como firmamos acima, seria o resultado da irmanação de algumas populações tardias do Homo *erectus* com alguns dos grupos mais avançados do *sapiens*, que já caminhavam em direção ao homem moderno. Basicamente, a partir do próprio registro fóssil, podemos dizer que este tipo de irmanação ocorreu principalmente na Europa, onde o Neanderthal se tornou dominante por dezenas de milhares de anos, marcando sua presença de maneira indiscutível. Foram encontrados fósseis do mesmo também no Oriente Próximo e no oeste da Ásia. Na mesma época em que o Neanderthal ocupava a Europa, segundo vários fósseis achados na África, no Oriente Médio e mesmo na Ásia, grupos humanos com características bem próximas as do homem moderno já viviam, a poucos passos da transição para o homem atual.

Há cerca de aproximadamente 35 mil anos, o Neanderthal desaparece do registro fóssil. Ao mesmo tempo surgia o homem atual, Homo *sapiens sapiens*, produto talvez da última intervenção no processo de recuperação biológica do homem. A primeira fase do processo recuperativo estava encerrada.

Segundo as informações recebidas através dos contatados, após o reaparecimento do homem no planeta ocorreram ainda algumas migrações, em pequena escala, trazendo mais povos extraplanetários de formas humanas. Segundo, tais informações, alguns destes se irmanaram aos "terrestres" que já estavam no planeta, dando origem a núcleos civilizatórios avançados que, entretanto, acabaram por se autodestruirem guerras nucleares.

Outras evidências

Existem realmente indícios da presença de uma cultura avançada na Terra há dezenas de milhares de anos. Entre estes estão as chamadas "Cartas dos Antigos Reis do Mar", estudadas pelo matemático norte-americano Arling-ton Mallery e posteriormente pelo Prof. Charles H. Hap-good, autor do livro *La Croute Glissante de la Terre*, prefaciado por Albert Einstein. As mais famosas destas são as do almirante Piri Reis, que remontam aos primeiros anos do século XVI. Os estudos de Mallery e Hapgood, entre outros, demonstram que as cartas representam o continente Antártico, a América do Sul e do Norte com uma precisão desconcertante, que exigiria profundos conhecimentos de trigonometria esférica e a utilização de veículos aéreos. Devemos lembrar que a Antártica só foi descoberta em 1818, e o interessante é que as cartas mostram esta como era antes de ser coberta pelo gelo, confirmando que na verdade são cópias de originais muito mais antigos.

Uma outra carta destas, redigida em 1559 por Hadji Ahmed, além de mostrar perfeitamente a já citada Antártica e o litoral pacífico dos Estados Unidos da América, apresenta uma terra desconhecida formando uma "ponte" entre o Alasca e a Sibéria, onde hoje existe o chamado estreito de Bering. Sabemos que esta "ponte" já havia desaparecido havia cerca de 30 mil anos atrás, devido ao aumento do nível dos mares.

O mesmo tipo de técnica e conhecimentos utilizados nas cartas de Piri Reis e Hadji Ahmed aparecem também no portulano Dulcert, referente ao Mediterrâneo e Europa, redigido em 1339, na carta de Camério de 1502, como em outra gravada em uma pedra pelos chineses no ano 1137. Hapgood declara a respeito desta última:

> Parece-me que a prova trazida por esta carta chinesa demonstra a existência, nos tempos antigos, de uma civilização que cobria o mundo inteiro, de uma

civilização cujos cartógrafos traçaram mapas da Terra inteira com um nível geral uniforme de técnica, de métodos similares, os mesmos conhecimentos de matemática e, provavelmente os mesmos instrumentos. Considero esta carta chinesa como a pedra fundamental do edifício que construí. Para mim, ela determina a questão de saber se a cultura antiga que penetrou no Antártico e que deu origem a todas as cartas ocidentais foi realmente uma cultura de escala planetária.

Jacques Bergier, co-autor do livro *O Despertar dos Mágicos*, já citado, comentando estas cartas, por sua vez, escreveu:

> A hipótese de uma intervenção extraterrestre não me parece contraditória em relação à das grandes civilizações desaparecidas. Direi mesmo que pode ser a mesma hipótese.
> Que mostram esses documentos? Uma Terra mais antiga que a nossa. Por exemplo, uma Terra onde o delta de Guadalquivir praticamente não existe, enquanto atualmente ele tem cinquenta quilômetros de largura e setenta e cinco de comprimento. Ora, são precisos pelo menos vinte mil anos para que a erosão de um rio forme um delta desse tamanho.
> Encontra-se também, no Mediterrâneo, ilhas muito maiores do que aquelas que conhecemos. Quer dizer que o mar as desgastou a partir dessa época há vinte ou trinta mil anos, quando estas cartas foram elaboradas. Elas indicam na Suécia, Alemanha, Inglaterra e Irlanda, glaciares que não existem mais, mas dos quais podemos reconstituir a forma: estas geleiras nos levam a dez mil anos atrás. E, sobretudo, estas cartas mostram um Antártico temperado, onde não há gelos. A maioria dos geólogos afirma que os gelos do Antártico existem há milhões de anos, desde o Mioceno ou Plioceno. Mas nem todos estão de acordo sobre isto, e certos geólogos acreditam que há dez mil anos o Antártico apresentava um clima quente, que se prolongou, em certas regiões, até há seis mil anos. Mesmo Hapgood é desse parecer e isto confirma sua teoria do deslizamento dos continentes terrestres.

> Medidas tomadas no Antártico parecem confirmar a existência, há seis mil anos, de um período temperado. Algumas dessas medidas mostram que este período temperado, que chegou a seu fim há seis mil anos, durou ao menos vinte mil anos. Hapgood pensa que uma poderosa civilização existia nesta época, tendo depois desaparecido. De meu lado, acredito que nesta época a Terra foi visitada, e que os portulano de Piri Reis são traços dessa visita. Eu repito que, a meu ver, as duas hipóteses não são contraditórias.

É interessante que realmente os mitos, lendas de vários povos do passado, fazem menção a uma espécie de "Idade do Ouro", em que os humanos que estavam na Terra foram guiados por "divindades", cujas formas eram semelhantes às nossas, que haviam descido do céu. Foram os tempos das "dinastias divinas", responsáveis pelo surgimento de vários polos civilizatórios.

Quanto às miscigenações, irmanações, mencionadas também através dos contatados, encontramos referências em várias fontes de nossas tradições. Vários mitos do passado falam de "divindades", cujas aparências, ressaltamos mais uma vez, eram humanas, que tiveram relações íntimas com os terrestres.

O livro do profeta Enoch, "retirado" do corpus bíblico no quarto século depois de Cristo, por ser muito revelador, descreve no capítulo VII a irmanação de divindades (anjos) com humanos que estavam no planeta. Teriam sido em número de duzentos, os descidos do céu. Chefiados por Samyaza, passaram a viver e tiveram filhos e filhas com as terrestres. A própria Bíblia descreve a mesma coisa com outras palavras. Podemos ler no sexto capítulo do Gênesis, versículo quatro:

> Ora, naquele tempo havia gigantes na Terra; e depois, quando os filhos de Deus possuíram as filhas dos homens, as quais lhes deram filhos: estes foram valentes, varões de renome, na antiguidade.

Quanto à ocorrência de guerras que acabaram por destruir aqueles polos civilizatórios avançados, encontramos várias referências também. No "Drona Parva", um dos textos mais antigos da Índia, temos narrado o que a tradição assimilou como a "Guerra dos Deuses". As armas utilizadas provocavam uma série de efeitos secundários: queda dos cabelos e unhas, determinavam mutações de cor na plumagem dos pássaros, e deformações nos membros dos animais.

O "Mausula Parva", também de origem hindu, descreve um ataque nuclear ocorrido há milhares e milhares de anos:

> Cuncra (nome do tripulante) voando a bordo de um 'vimana' de grande potência, lançou sobre a tríplice cidade um projétil único carregado com a potência do Universo. Um fumo incandescente, semelhante a dez mil sóis, se elevou em seu esplendor...

Uma outra obra, também extremamente antiga, "As Estâncias de Dzyan", revela não só as guerras, como também narra a volta de alguns sobreviventes ao Espaço. Estas informações nos fazem lembrar as declarações de Albert Einstein, que pouco tempo antes de sua morte declarou que os discos voadores estavam sendo controlados por um povo que abandonou a Terra em passado remoto.

Já o último item de nossa síntese das informações transmitidas pelos extraplanetários revela que a partir de uma série de contatos teve início o ciclo civilizatório atual. A realidade de tais contatos pode ser confirmada através de pinturas rupestres, representações em relevo, lendas, textos sagrados, registros históricos etc. Vamos falar um pouco sobre estas evidências.

Nas pinturas rupestres

Na França e Espanha, por exemplo, encontramos numerosas representações artísticas de nossos antepassados. Tais pinturas têm por motivo formas da natureza (cavalos, bisões etc.. Era notável a habilidade desses artistas pré-históricos. Paralelamente a estas representações encontram-se outras que os pré-historiadores costumam ignorar ou, na melhor das hipóteses, considerar como símbolos ligados a magia e fertilidade. Quando comparamos esses pretensos símbolos mágicos com os objetos não identificados que hoje observamos em nosso céu, temos um choque. Definitivamente os artistas pré-históricos pintavam o que convencionou-se chamar popularmente de "discos voadores". As representações mais notáveis estão em Niaux, Les Trois Frères, e Altamira. Por vezes encontramos representado até mesmo o movimento, atestando a capacidade de voar destes objetos.

Em Altamira (Espanha), encontra-se estilizado no teto de uma caverna, que parece representar o céu, toda uma variedade destes objetos, representados em todas as posições possíveis. Já em baixo, uma manada de bisões recente-se da presença dos ditos "símbolos mágicos".

Mas foi na URSS, nas proximidades de Fergana, que foi encontrada a mais sensacional. Chama-nos a atenção a clareza do artista ao representar o que, segundo os céticos, nunca aconteceu. Podemos ver representado nessa pintura o que chamaríamos de desembarque extraterrestre. Nota-se em primeiro plano um ser munido de capacete, tendo às suas costas, asas, símbolo de sua capacidade de voar. No céu aparece o que nós podemos chamar de "disco voador". Nota-se inclusive o jato propulsor do veículo; já no solo encontramos uma criatura usando traje espacial. Do seu capacete surgem duas antenas. Portanto, coisa que de forma alguma pode ser contestada em seu sentido ufológico. Os céticos devem "ranger seus dentes", pois não podem aplicar ao artista em questão, que viveu há milênios (4 mil anos), explicação muito usada em nossos dias, ou seja, ter sido sugestionado pelos meios de comunicação.

O astronauta de Palenque

Durante seus trabalhos de pesquisa na localidade mexicana de Palenque, o arqueólogo Alberto Ruz, do Instituto Nacional de Antropologia do México, descobriu algo de sensacional. No interior da pirâmide que sustenta o templo denominado "das inscrições", foi encontrada uma câmera mortuária. O que imediatamente desperta nossa atenção, a lápide do sarcófago, que pesa aproximadamente cinco toneladas, traz gravada em baixo-relevo, segundo vários arqueólogos, um soberano de Palenque, caindo na goela simbólica de um monstro mitológico. Como sonham os que nos acusam de sonhadores.

Acreditamos ver representado neste baixo-relevo um maia (tipicamente trajado) nos controles de uma máquina voadora, movida a reação. Pode-se observar claramente os jatos emanados do propulsor, localizado atrás do tripulante, que parece estar usando, como Daniken sugere no seu livro "Eram os Deuses Astronautas?", um aparelho respiratório. Suas mãos movimentam algum tipo de controle. Portanto, uma representação bastante técnica, e de forma alguma, fruto de sonhos. O engenheiro aeronáutico norte-americano John Sanderson, após meticuloso estudo, concluiu que esta lápide sustenta sem restrições uma interpretação tecnológica. Mas como os maias tiveram acesso a este modelo? Quando da descoberta, ao ser retirada a lápide, veio à luz o esqueleto de um homem de meia idade, sem as deformações dentárias que a nobreza maia costumava trazer. Suas características morfológicas eram totalmente diferentes dos habitantes da região, com uma estatura muito acima da atingida pelos maias. Seria um "deus"?

Pode parecer incrível, porém algo mais espetacular existe, e também é proveniente da civilização maia. Esta foi apresentada pelo pesquisador italiano Quixe Cardinale, no seu livro "De volta as civilizações Perdidas". Trata-se também de uma representação em relevo. Nela podemos ver, sem qualquer dúvida, uma máquina voadora, cujo sistema de propulsão, pelo menos a nível de ideia, como a de Palenque, é semelhante à utilizada atualmente por nossa astronáutica. Vê-se claramente o "tubo ejetor" por onde sairiam os gases inflamados, que se encontram estilizados nesta representação por um jato de penas, em nossa visão, uma tentativa de associar a capacidade de voar do objeto retratado. Já na parte superior do aparelho observamos o tripulante, que pode ser visto mediante um visor (janela). A partir de descobertas deste tipo, comprovando a existência de contatos entre os maias e povos do espaço, podemos já compreender como este povo chegou a possuir conhecimentos avançadíssimos em sua época. O calendário maia, por exemplo, mensurava o ano terreste em 365,2420 dias, um grau de exatidão só igualado em nosso tempo.

Nas lendas

Falemos agora um pouco sobre as lendas. Do Oriente ao Ocidente, encontramos as mesmas "histórias" reveladoras de objetos voadores desconhecidos, "divindades" descidas do céu, que tinham por missão fornecer novos conhecimentos, constituindo-se estes as bases para um desenvolvimento mais rápido.

Em 1952, pela primeira vez se conseguia contato com os índios caiapós, habitantes das regiões amazônicas do Brasil. João Américo Peret, famoso indianista, obteve às margens do rio Fresco, no Estado do Pará, a narração de um mito fantástico.

Segundo narra a mitologia caiapó, há gerações e gerações, vindo da serra proibida de "Pukatoti", apareceu pela primeira vez na aldeia, "Bep-Kororoti", trajando "Bô", que o cobria dos pés a cabeça. Trazia também "Kob" — a "barbuna trovejante". Os que ali o viram, correram para a selva, apavorados, protegendo as mulheres e crianças, enquanto alguns mais corajosos davam combate ao invasor. Mas as armas caiapós arremessadas, mostraram-se fracas e o intruso, para demonstrar seu poder, de vez em quando apontava sua "barbuna trovejante" em direção de uma árvore ou pedra, destruindo-as totalmente. Após este incidente os índios acostumaram-se à presença do estranho, que passou já a usar um "macacão" mais justo e tinha o corpo parcialmente exposto. Sua beleza, brancura e simpatia foram aos poucos fascinando e atraindo a todos, e tornaram-se amigos.

"Bep-kororoti" foi um autêntico mestre, ensinando a construção de uma "Ng-óbi", casa onde os homens se reuniam diariamente para relatarem as façanhas do dia. Os mais jovens aprendiam como agir e se comportar nos momentos difíceis. Também lá eram desenvolvidos os trabalhos de aperfeiçoamento das armas de caça, sempre orientados pelo forasteiro.

Quando os jovens mais rebeldes deixavam de cumprir suas obrigações, "Bep-Kororoti" vestia novamente "Bó", e saía a procura dos rapazes, fazendo-os correr para a escola. Quando a caça se tornava difícil, o forasteiro, valendo-se de sua "barbuna trovejante" abatia os animais.

Este mito conta ainda, que "Bep-Kororoti", após um longo período de convivência com os caiapós, certo dia vestiu "Bô", seu traje resplandecente, subiu até o alto de uma "serra" e, de repente, num estrondo violento que teria abalado toda a região, subiu para o céu, envolto em nuvens flamejantes, fumaça e trovões, deixando calcinado o local de sua partida.

Segundo nos conta Peret, é em memória deste mestre cósmico que os caiapós vestem, em suas festas, máscaras e roupas de palha, que eles denominam de "Bô", feitas sob o modelo utilizado no passado remoto por "Bep-Kororoti". Torna-se empolgante o fato de tais vestes serem muito semelhantes, em forma, aos nossos modernos trajes espaciais.

Lendas da Oceania apresentam os "grandes feiticeiros vindos do céu", que depois de uma curta estada, foram embora, voando em seus "navios coloridos", prometendo voltar.

As tradições dos quíchuas revelam aparições de "anéis

de luz" no céu, muito observados também em nosso tempo, e inclusive fotografados em várias partes do planeta.

A tribo dos pendas, que vive nas regiões meridionais do Congo, fala do deus Mawese, que ensinou aos homens o plantio do painço, do milho, e das palmeiras. Depois teria voltado ao céu.

Na tradição celta, o rei mago Bran é o viajante das "regiões misteriosas", que navegava para o Ocidente até as terras do além dentro de um veículo, que não tocava na água.

No Japão encontramos o povo aino. Conta-nos sua mitologia que uma divindade denominada Okikurumi-Kamui, em passado remoto, aterrissou num local chamado Haia pira, trazendo a sabedoria, os conhecimentos da agricultura e o culto do Sol. Após terminada sua missão, partiu para sua casa no céu, viajando em seu "sinta" (berço) dourado.

Já um mito amazônico, faz referência a um "homem" denominado "Elipas", que também andava entre os índios. Esse personagem fazia "estranhas mágicas de fogo e água". Depois de um conflito entre ele e locais, foi embora voando no interior de uma "serpente de fogo".

Os índios haida, habitantes das ilhas da Rainha Carlota (Colúmbias Britânicas), guardam por sua vez, lembrança de "grandes sábios descidos das estrelas sobre pratos de fogo".

O pesquisador e escritor Raymond Drake, autor de várias obras sobre a presença alienígena no passado, faz menção a uma interessante história. Segundo ele, "é curioso notar como as referências que poderíamos, diante dos atuais conhecimentos científicos, definir como "ficção científica", sejam comuníssimas nas tradições tibetanas. Uma lenda conhecida, conta de um rapaz com a "cabeça deformada", que casou com a filha de um deus, que morava nas alturas celestes, descia, vez por outra, à Terra "sob a forma de um brilhante ganso".

Os aborígines da Tasmânia falam de seu "homem do ovo", que trouxe ensinamentos ao povo. É notável a pluralidade desses "ovos" descidos do céu; em vários mitos encontram-se mencionados.

O ufólogo mineiro Antônio P. S. Faleiro, autor do livro "OVNIs no Folclore Brasileiro", faz referências a uma série de mitos indígenas existentes em nosso país, que segundo ele são claramente relacionados à presença das naves extraplanetárias, e seus tripulantes. Entre esses podemos destacar o mito de Jarupari, uma entidade que deixou vários ensinamentos entre os povos indígenas, antes que partisse em definitivo para o céu. O pesquisador e autor, revela ainda que essa entidade, ou ser, era considerado como filho de "Ceuci", nome que os índios davam as Plêiades, um aglomerado estelar localizado na constelação do Touro.

Lenda relacionada à mais misteriosa civilização africana, a de Ifê, revela-nos que os seres humanos erravam pela Terra, sem saber o que fazer. Depois de um período bastante longo, Olorum veio do céu e instalou-se na Terra juntamente com outros deuses. Olorum disse: "Exu, senta-te atrás de mim; Ogum, a direita; Obatalá, coloca-te à minha esquerda. Vós, outros deuses, colocai-vos em redor". Depois teria chamado os nativos, os seus chefes e disse-lhes: "Vede o que se passa aqui... Agora, prestai bem atenção. A cidade se chamará Ifê de hoje em diante. Dezesseis deuses vieram comigo. Eles terão filhos e habitarão em volta de vós. Mas tu, Oni, reinarás aqui e mostrarás a vontade dos deuses". Olorum partiu para o céu; tinha nascido mais uma civilização.

Uma lenda dos navajos revela um profeta, que teria feito uma "misteriosa viagem" pelo céu no interior de um "tronco oco com janelas de cristal".

Já um mito siberiano conta a história de um "guerreiro" possuidor de poderes fantásticos. Este nas lendas xamanistas, faz profecias, destrói os que questionam seus poderes e afinal, desgostoso da humanidade, vai-se embora voando em uma "concha de ouro". É realmente curioso o fato dessas lendas sempre fazerem referências a objetos que podiam voar e conduziam seres cujos poderes estavam sempre acima da capacidade de compreensão dos povos do passado.

O matemático paraense, escritor e investigador dos mitos amazônicos Antônio Jorge Thor, revela a expressão da língua tupi, "aba-iara jassy tatá bebé", que significa: senhor que estava na estrela que voava.

Gucumatz, divindade venerada entre os quíchuas, como o maia Kulkulcan, veio das estrelas e para elas voltou depois de trazer a civilização.

Quetzacoalt, deus dos toltecas, trouxe com ele do céu o calendário, as artes e as leis morais. Depois partiu e consumiu-se nas chamas do "fogo divino", recebendo a denominação "nahuatl" (a estrela que faz fumaça).

Estas lendas que acabamos de citar formam em seu conjunto uma pequena amostragem do número vasto existente.

É evidente a qualquer pessoa com o mínimo de imparcialidade, a existência do componente ufológico como agente inspirador das mesmas.

Nos livros sagrados

Encontramos também muitas referências aos extraplanetários e suas naves nos livros sagrados de inúmeros povos. Nos Vedas, coletâneas dos hinos sagrados dos antigos habitantes da índia, os árias, e que datam, pelo menos, de 3500 anos atrás, estão presentes muitas referências ufológicas. Neles podemos encontrar citações a respeito de "carros luminosos", que se movimentavam pelo céu, dirigidos e controlados por divindades, que possuíam e utilizavam raios contra os inimigos, protegendo seus adoradores.

Mesmo na Bíblia, referências deste tipo são numerosas. Dentre as quais podemos destacar o caso do translado do profeta Elias para o céu no interior de um "carro de fogo". Vamos ao Segundo Livro dos Reis, capítulo 2, versículos 9, 10, 11 e 12:

> Havendo eles passado, Elias disse a Eliseu: Pede-me o que queres que eu te faça, antes que seja tomado de ti. Disse Eliseu: Peço-te que me toque por herança porção dobrada do teu espírito.

> Tornou-lhe Elias: Dura cousa pediste. Todavia se me vires quando for tomado de ti, assim se te fará; porém, se não me vires, não se fará.
> Indo eles andando e falando, eis que um carro de fogo, com cavalos de fogo, os separou um do outro; e Elias subiu ao céu em um redemoinho.
> O que vendo Eliseu, chamou: Meu pai, meu pai, carros de Israel, e seus cavaleiros! E nunca mais o viu; e tomando as suas vestes, rasgou-as em duas partes.

Como observarmos, não podemos interpretar de maneira espiritual a ascensão de Elias, como insistem em fazer tantos "sábios". Elias já sabia que a "raça santa", através de uma de suas naves, o levaria para algum ponto além atmosfera (céu). Pelo menos era esse o destino imaginado por nossos antepassados para aqueles que eram arrebatados. Não imaginavam uma possibilidade diferente, e muito menos tinham conhecimento da existência de bases daqueles seres no planeta. Elias chegou mesmo a avisar aquele que o sucederia de sua partida eminente.

Nos versículos 16, 17 e 18, ainda do mesmo capítulo do texto bíblico, temos revelado algo bastante interessante, que reforça essa nossa interpretação. Com o desparecimento do profeta, quando os discípulos encontram Eliseu, se oferecem para fazer uma busca pelo corpo de Elias: "pode ser que o Espírito do Senhor o tivesse levado e lançado nalgum dos montes, ou nalgum dos vales...". O sucessor de Elias, que sabia muito bem o que tinha acontecido deixa claro que não havia sentido naquele tipo de busca, mas com a insistência daqueles homens, deixou que saíssem a procura daquele que não estava mais entre eles. Mas a busca conforme a Bíblia revela, não obteve êxito.

"E enviaram cinquenta homens, que o procuraram três dias, porém não o acharam".

O caso de Elias é apenas um dos que já mostravam no passado, que nem todas as pessoas abduzidas, ou que terminam sua missão no planeta, retornam após serem arrebatadas. Um aspecto digno de ser ainda destacado é o fato de aparentemente Elias ter sido abduzido sem seus trajes. Pelo menos é isso que parece revelar o Segundo Livros dos Reis. Ele não necessitaria mais de suas roupas terrestres? Quem de fato eram os profetas do Antigo testamento?

Outro caso impressionante nas páginas do texto sagrado está relacionado ao profeta Ezequiel, que faz um relatório preciso de sua experiência. Ezequiel narra no capítulo 1, versículos 1, 2, 3 e 4:

> Aconteceu no trigésimo ano, no quinto dia do quarto mês, que, estando eu no meio dos exilados, junto ao rio Quebar se abriram os céus, e eu tive visões de Deus.
> No quinto dia do referido mês, no quinto ano de cativeiro do Rei Joaquim, veio expressamente a palavra do Senhor a Ezequiel, filho de Buzi, o sacerdote, na terra dos caudeus, junto ao rio Quebar, e ali esteve sobre ele a mão do Senhor.
> Olhei, e eis que um vento tempestuoso vinha do norte, e uma grande nuvem, com fogo a revolver-se, e explendor ao redor dela, e no meio disto uma coisa como metal brilhante que saía do meio do fogo.

Este relato é bastante claro; seria difícil para os céticos negar testemunho tão objetivo, pois tal descrição não poderia ser relacionada com fenômenos astronômicos e metrológicos, únicos disponíveis na época (balões, aviões etc. não existiam). Ezequiei faz referência até mesmo à onda de choque (vento tempestuoso), provocada pela aproximação de um veículo voador, aparentemente metálico, envolto em seu campo energético.

O chefe do Departamento de Projeção da NASA, Huntsville, Alabama, EUA, engenheiro Josef F. Blumrich, forneceu em seu livro "E Então o Céu Abriu-se", uma análise técnica da "visão" do profeta. Blumrich, conta-nos, que a princípio, pretendia negar as afirmações feitas por Erich Von Daniken em seu *Eram os Deuses Astronautas?*, porém após longo estudo, sofreu uma "derrota", no entanto considerava-se recompensado, sendo fascinante para ele, chegar a tal conclusão, ou seja, verificar a validade das ideias apresentadas no livro de Daniken.

O engenheiro revela que a chave para elucidação do relato (do qual só apresentamos os versículos iniciais), estava na análise dos diversos componentes da espaçonave, que encontravam-se descritos pelo profeta e de seus objetivos sob o ponto de vista de nossos conhecimentos atuais. "É possível depreender do seu relato o aspecto geral da nave espacial, descrita por Ezequiei. Feito isto, e independentemente da crônica do profeta, o técnico pode recalcular e reconstituir um engenho voador com tais características. Quando em seguida, se chega então à conclusão de o resultado não ser apenas tecnicamente viável, mas ainda, e sob todos os pontos de vista, muito bem composto e, ademais, o relato de Ezequiei forneceu detalhes que confirmam o resultado da análise técnica", explicou Blumrich. Defende ainda a ideia, que se tratava de um veículo voador lançado possivelmente de uma estação espacial, que na época, há 2500 anos, poderia estar orbitando nosso planeta.

Ezequiei descreve-nos em detalhes uma astronave. Vale-se de uma terminologia adstrita ao nosso tempo, mas que revela detalhes técnicos quando "traduzida" para uma linguagem atual. Reporta também no fim de seu primeiro capítulo a presença do tripulante, que segundo o profeta, tinha formas humanas. Necessitaria o Todo-Poderoso de uma nave espacial?

Cristo e os discos voadores

Falemos agora um pouco sobre Cristo. A Bíblia revela que este foi concebido a partir da descida do Espirito Santo sobre a Virgem Maria. Mas o que era este "Espirito Santo"? Talvez a resposta esteja num quadro do pintor veneziano Carlo Crivelli, pertencente ao acervo da National Galery

(Londres). Concluído em 1486, esta obra, inspirada provavelmente em alguma documentação mais antiga, tem por título "Anunciação". Nela observamos um misterioso objeto discoidal esverdeado a pairar no céu; deste emana um jato de luz amarela, que acaba por atingir a Virgem Maria. Associado ao raio luminoso, encontramos o símbolo do "Espírito Santo": uma pomba luminosa.

Teria sido uma projeção luminosa carregada de material genético a responsável pela concepção milagrosa de Cristo? Algo relacionado a uma ciência e tecnologia, que aos nossos olhos pareceria magia, mas que para os extraplanetários teria sido o meio de gerar um corpo adequado para as necessidades da entidade, que nele iria encarnar?

Devemos lembrar inclusive, que alguns textos apócrifos fazem menção que a Virgem Maria desde sua infância, mantinha contatos com anjos, dentro de um projeto aparentemente de acompanhamento, que permitiria posteriormente o nascimento de um ser altamente dotado, com poderes, que hoje são estudados por nossa parapsicologia. Uma concepção artificial, a partir de manipulação genética, poderia ser o único caminho disponível para permitir o nascimento de um corpo biologicamente perfeito, que não limitasse a capacidade de manifestação de uma entidade dotada de grandes poderes, que iria encarnar em "nosso" planeta.

Devemos falar também da Estrela de Belém. O Novo testamento narra:

> Depois de ouvirem o rei, partiram e eis que a estrela que viram no ocidente os procedia, até que chegando parou sobre onde estava o menino.

Nesse versículo, o nono do segundo capítulo de Mateus, temos revelado o estranho comportamento desse pretenso astro. A tal fenômeno já se atribuíram muitos significados além do divino, tentando-se, inclusive, associá-lo a fenômenos astronômicos. A Bíblia revela que esse "astro" podia ficar imóvel, interrompendo seu movimento. Não existem fenômenos astronômicos que possam assim se apresentar. Estamos, portanto diante de duas possibilidades: a divina e a ufológica. Mas devemos lembrar que o filólogo soviético Viaceslav Zaitezev faz referência a alguns livros, também de caráter apócrifo (inculto), segundo os quais Jesus desceu da Estrela de Belém, que é claro, não era um astro, e sim uma máquina voadora.

Já tomamos conhecimento de duas possibilidades cósmicas para o aparecimento de Cristo. Tratemos agora de suas "ascensões". Por duas vezes o Messias é levado ao "céu", não mediante fenomenologia divina, mas parece-nos, através de tecnologia espacial.

A ressurreição de Cristo, contida no evangelho de Mateus, apresentas-nos narração sugestiva, que não poderíamos deixar de comentar. Podemos ler em Mateus, capítulo 28, versículos 1, 2 e 3:

> No findar do sábado, ao entrar o primeiro dia da semana, Maria Madalena e a outra Maria foram ao sepulcro. E eis que houve um grande terremoto, porque um anjo do Senhor desceu, chegou-se, removeu a pedra e assentou-se sobre ela. O seu aspecto era como o relâmpago, e a sua veste, alva como a neve.

Mediante esse relato, foi-nos possível observar todos aqueles fenômenos (terremoto, relâmpago etc.) presentes muitas vezes nas aparições divinas, que para nós não passam de eventos ligados a uma tecnologia superior (aproximação de veículos aéreos). Por trás do termo "anjo", cujo significado original é "mensageiro", teríamos nesse caso, um veículo voador, e não um ser vivente, ou divino. Já no Evangelho de Lucas temos relatada a presença dos que seriam os tripulantes da nave. Podemos ler no capítulo 24, versículos 4, 5 e 6: "...apareceram-lhes dois varões com vestes resplandecentes. Estando elas possuídas de grande temor, baixando os olhos para o chão, eles lhes falaram: Por que buscais entre os mortos ao que vive? Ele não está aqui, mas ressuscitou".

Na realidade os textos canônicos não descrevem o translado do Messias verificado após sua ressurreição; entretanto, pinturas retratam tal passagem.

Em Kosovska Metchija, na antiga Iuguslávia, encontra-se o monastério de Detchani. Sua construção verificou-se entre os anos de 1327 e 1350. Por volta de 1350, o interior da igreja monástica era decorado com numerosos afrescos, representando passagens do Antigo e Novo testamento. Saltam aos nossos olhos os afrescos representativos da "Crucificação" e "Ressurreição" de Cristo. No primeiro, podemos ver o Messias crucificado; no céu aparecem dois veículos voadores, com seus respectivos pilotos (anjos). No segundo, observamos Jesus prestes a deixar a Terra no interior de um objeto não muito diferente dos presentes na "Crucificação". Algo realmente estarrecedor, pelo menos para aqueles que acreditam nas interpretações religiosas para essas passagens. De onde os responsáveis por essas pinturas tiraram inspiração para reproduzirem dessa forma dois dos momentos mais especiais mencionados dentro do Novo testamento?

No ícone "A Ressurreição de Jesus Cristo", feito no século 17, hoje no acervo da Academia Conciliar de Moscou, novamente observamos o Messias em um receptáculo que lembra uma espaçonave. Por ambos os lados sai fumaça, que oculta os pés dos anjos, agrupados ao redor. Coisa que é de se estranhar, pois supostamente devia representar um acontecimento ligado ao "mundo divino".

Na Igreja de Saint-Sernin, em Toulouse (França), encontramos também uma representação em relevo do século 11, onde se vê mais uma vez Cristo no interior de um objeto de forma oval. Também em relevo, em marfim, hoje no Victoria and Albert Museum, em Londres, verificamos representação similar. Nesta, intitulada a "Ascensão de Cristo", Jesus sobe ao "céu" através de um objeto semelhante a um ovo, do qual emana um jato propulsivo. Uma nuvem ou fumaça, parece se desprender da parte inferior do objeto voador.

Somos forçados a acreditar: textos ou modelos primitivos serviram de inspiração, pois não se espera que artistas do passado representassem tais acontecimentos mediante voos fantasiosos, ou simplesmente mediante imaginação.

Após sua ressurreição e translado ao "céu", Jesus voltou a aparecer várias vezes aos seus discípulos. A Bíblia revela, que na última vez, que isso aconteceu, os próprios apóstolos puderam ver o Messias ser elevado, ou arrebatado ao "céu", mediante uma "nuvem", da mesma forma, que muitas pessoas são na atualidade.

Em Atos dos Apóstolos, no capítulo 1, versículos 9, 10 e 11, podemos ler que nesse momento da ascensão de Jesus, surgiram entre os seus discípulos "dois varões com vestes resplandecentes", que informaram, que da mesma forma, que ele estava subindo ao "céu", ele voltaria no futuro. Qual significado que podemos dar a essa informação? Estaríamos diante da revelação de um possível retorno de Cristo no momento do contato final com aquelas civilizações responsáveis pela própria presença da humanidade no planeta? Além do que vimos nesses últimos parágrafos, temos uma declaração muito especial do Messias no Evangelho de João, capítulo 8, versículo 22, onde aquele que podia curar, andar sob as águas, e realizar outros milagres, disse textualmente: "Vós sois cá de baixo, e eu sou lá de cima; vós sois deste mundo, e eu deste mundo não sou".

Os registros históricos

Já através dos registros históricos que apresentaremos em seguida, pretendemos estabelecer uma ponte, que passando pelos séculos, possibilitará ligação entre aquelas aparições tidas no passado como divinas, e os contatos ufológicos contemporâneos.

Os primeiros relatos chegam de Roma, através de Julius Obsequens, Tito Lívio, Plínio e outros. Obsequens, por exemplo, compilou no seu "Prodigiorum Libellus", um número bastante vasto de ocorrências inusitadas, sendo que várias destas claramente ligadas ao fenômeno ufológico.

Segundo este autor, no ano 221 A.C, "Em Rimini foram vistas três luas que vinham de distantes regiões do céu". Em uma noite do ano 175 A.C, "Três sóis esplenderam ao mesmo tempo, e numerosas estrelas deslizaram pelo céu, em Lanúvio". Na mesma cidade, já no ano de 173 A.C., "foi observada no céu a aparição de uma grande frota". Em 163 A.C, "Em Cápua foi visto o sol à noite e dois sóis foram avistados de dia em Fórmia. Algo parecido com o sol brilhou uma noite sobre Pássaro". Em 137 A.C., segundo ainda Obsequens, "Em Preneste foi vista uma tocha ardendo no céu".

Tito Lívio, já na *História Romana*, menciona também fenômenos deste tipo. Segundo ele, no ano 217 A.C., "em Arpi tinham aparecido escudos no céu, em Caperne duas luas tinham-se levantado de dia... Em Faleri o céu parecia ter-se rasgado, como se tivesse uma grande fenda através da qual brilhava uma luz". O mesmo autor, em relação ao ano 214 A.C, entre outras coisas, descreveu: "Prodígios em grande número... Em Hádria foi visto, no céu, um altar, e junto a ele vultos de homens vestidos de branco... Tendo certos homens afirmado que viram legiões armadas sobre o Janículo, a cidade pegou em armas".

Um outro historiador romano responsável por registros iguais a estes foi Dion Cássio. Na *História Romana* ele nos apresenta toda uma série de narrativas, dentre as quais podemos citar, por exemplo, referências pertinentes ao ano 233 A.C:

> Um rio em Piceno, na Etrúria, ficou da cor do sangue, e uma boa parte do céu parecia estar em fogo. Em Arimínio uma luz como o dia brilhava de noite. Em muitas outras partes da Itália três luas tornaram-se visíveis à noite.

Uma outra referência que podemos destacar nos foi prestada por Plínio, no livro II, capítulo 35, da *História Romana*. Nesta temos reportado um acontecimento ocorrido no ano 66 A.C:

> No consulado de Cneu Otávio e Caio Escribônio, viu--se uma estrela cair do céu e aumentar de tamanho à medida que se aproximava da terra, e depois de se tornar tão grande quanto a lua, ela difundiu uma espécie de luz do dia enevoado, e então retornou ao céu transformada numa tocha; este foi o único registro do que aconteceu. Ela foi vista pelo proconsul Sileno e seu séquito.

Os fenômenos em Roma eram tão frequentes e intensos por volta do ano 50 A.C, que o próprio Senado Imperial discutia frequentemente aqueles acontecimentos, como podemos constatar, por exemplo, através de M. T. Cícero, em "De Divinatione":

> Quantas vezes nosso Senado pediu aos descênviros que consultassem os oráculos... quando foram vistos dois sóis, ou quando três luas apareceram, tendo sido observadas chamas de fogo no céu; ou nesta outra ocasião, quando o sol se levantou à noite, quando ruídos foram ouvidos no céu, quando a própria nuvem pareceu estourar, tendo sido observados estranhos globos no céu.

Os romanos continuaram a observar os OVNIs nos séculos seguintes. No ano 192 depois de Cristo, por exemplo, segundo nos conta Herondino em sua "História do Império depois de Marco Aurélio", ocorreram "muitas maravilhas naqueles dias... estrelas foram vistas no ar, em pleno dia".

Também muito interessantes são os registros deixados por outros povos. Na "História Francorum", Gregoire de Tours, revela que no ano 585 depois de Cristo, "No mês de setembro, algumas pessoas viram sinais, isto é, estes raios ou cúpulas que habitualmente são vistos, e que parecem correr pelo céu com rapidez".

Os discos voadores, da mesma forma que fizeram durante a Segunda Guerra Mundial, na Guerra da Coréia etc., acompanhavam nossas batalhas no passado. Os "Annales

Laurissenses", em referência ao ano 776, revelam que "escudos voadores pareciam guiar os saxões durante o cerco aos cavaleiros de Carlos Magno em Siegburg".

Já o manuscrito "Ludovici Pii Vita", referente a uma batalha no ano 827, afirma que aquele "morticínio foi precedido por terríveis visões de coisas no ar: durante a noite elas ardiam como pálidos fogos, ou brilhavam como vermelho sangue".

Um outro manuscrito, guardado na Abadia de Regusa, na Dalmácia, revela que no dia 8 de janeiro de 1338, "na primeira hora da noite, apareceram a todos, no céu, grandes sinais luminosos voando pelos ares quase como uma formação de soldados". Este fenômeno teria durado mais de uma hora e foi presenciado por uma grande multidão.

CG. Jung, em artigo na *Gazeta de Nuremberg*, cita fatos ocorridos nesta mesma cidade no ano 1561: "uma visão assustadora... Além de bolas de cor vermelha, azulada ou negra, e depois discos circulares, foram vistos dois grandes canos", no céu.

Também no século passado os OVNIs foram observados frequentemente. Em 1816, como revela o *Edimburgh New Philosophical Jornal*, foi observado "um insólito fenômeno no ar; um grande corpo luminoso dobrado em meia-lua, estendendo-se no céu".

Em 1848, já segundo o *Time* londrino, no dia 19 de setembro, foram observados no céu duas grandes luzes, que brilhavam como estrelas. Estes objetos, por vezes estacionários, de quando em quando se deslocavam em alta velocidade, surpreendendo com suas manobras os que observavam o fenômeno.

Uma outra notícia apresentada no mesmo jornal, referente ao ano 1877, afirma:

> De quando em quando a costa ocidental de Galles parece ser palco de luzes misteriosas... Na última semana foram vistas luzes de várias cores movimentando-se acima do estuário do rio Dysinni, na direção do mar. Geralmente se deslocam na direção

norte, mas por vezes movimentam-se ao longo da costa, e deslizam milha após milha na direção de Alberdovey, para depois desaparecerem.

Entre as testemunhas do fenômeno no século 19 se encontravam, inclusive, astrônomos, como Walter Mauder, do Observatório de Grenwich. No dia 17 de novembro de 1882, este cientista, pode observar "um grande disco circular de luz esverdeada", que passava de uma ponta a outra do horizonte. A forma redonda, conforme sua descrição "era provavelmente devida à perspectiva, porque, quando ele passou no meridiano, tinha a forma semelhante à uma elipse alongada".

Cinco anos depois, no dia 12 de novembro de 1887, segundo o *Bulletin de la Sociéte Astronomique de France*, foi vista, "à meia-noite perto do cabo Race, uma enorme bola de fogo que se elevava lentamente do mar. Essa "bola" começou a se deslocar contra o vento, e veio para perto do navio de onde era observada. Em seguida avançou para sudoeste e desapareceu".

Em 1895, o Exército etíope, em marcha em direção a Árdua, foi assustado pela passagem no céu de uma' 'coisa semelhante ao verde, que deixava atrás de si um longo rastro de fumaça, fazendo ruído semelhante ao trovão". Este acontecimento foi registrado pelo cronista inglês Afework, na época a serviço do negus Menelik.

No dia 11 de abril de 1897, o *New York Herald*, reportou o aparecimento de uma nave voadora sobre a cidade de Chicago. Ainda neste mesmo ano um objeto voador não identificado explodiu a cerca de 120 km de Dalas, em Aurora, Texas.Na oportunidade foram recuperados além de amostras do metal da nave, os restos mutilados do único tripulante do aparelho, que acabaram por ser enterrados no cemitério local.

Na noite de 23 de dezembro de 1909, a cidade de Worcester, no Estado de Massachusettes (EUA), por duas vezes foi iluminada pelo farol de uma nave voadora, cuja procedência e identificação não foram passíveis de ser estabelecidas. Este caso foi um entre tantos outros registrados nas páginas do *New York Herald*.

Na noite de 9 de fevereiro de 1913, vários OVNIs entram em nossa atmosfera. Entre as testemunhas do fenômeno encontravam-se vários astrônomos, estando entre estes C. A. Chant, da Universidade de Toronto, no Canadá. Estes objetos foram observados no Canadá, Bermudas, Brasil e África.

Já em 1935, no decorrer da guerra entre Itália e Etiópia, foi observado sobre a capital etíope, Addis-Abeba, um objeto voador de forma discoidal. "Ilustration", uma publicação da época, reporta uma série de detalhes sobre tal acontecimento.

Na noite de 25 de fevereiro de 1942, OVNIs foram apanhados por holofotes antiaeronaves sobre Los Angeles (EUA). A despeito do intenso bombardeio das baterias antiaéreas, nenhum foi derrubado, nem reagiram ao ataque. Fotografias destes objetos foram publicadas no *Los Angeles Time*.

Durante as missões de bombardeio levadas a cabo pelos aliados sobre a Europa ocupada pelos alemães, e a Ásia e Oceania, em poder dos japoneses, os pilotos aliados declaravam-se, por vezes, perseguidos e acompanhados por misteriosas "bolas de luz", que passaram a ser denominadas de "foo fighters". Acreditava-se que fossem armas secretas do inimigo; crença que também tinham os próprios alemães e japoneses, que atribuíam aos aliados a paternidade dos misteriosos aparelhos.

Como observamos nestes últimos parágrafos, o fenômeno ufológico foi claramente registrado durante os últimos dois mil anos, e existem registros ainda mais antigos.

As "luas", "sóis noturnos", "tochas", "escudos voadores", observados pelos romanos, ao lado de outras referências feitas por outros povos, mostram indiscutivelmente a realidade da presença extraterrena, para desespero dos céticos, e daqueles que embora conscientes da realidade da presença dos discos voadores, por questões políticas, filosóficas, ou religiosas, tentam negar esta realidade, cada vez mais objetiva e difícil de ser escondida.

Conclusão

A partir de agora, passamos a apresentar então nossas conclusões, relacionadas à parcela da fenomenologia ufológica ligada ao processo colonizador. Chamamos atenção dos leitores para o fato destas serem restritas exclusivamente a esta parcela da manifestação ufológica. Não se trata, portanto de uma explicação geral para a presença da totalidade das naves extraplanetárias contatadas. Em nosso modo de ver, inclusive, não pode existir tal explicação global, já que o fenômeno é diferenciado. Estas nossas conclusões, ligadas ao processo colonizador, entretanto, são passíveis, evidentemente, de sofrer reordenamento, a partir do surgimento de novos fatos e evidências.

Nosso levantamento pré-histórico da problemática dos discos voadores, em paralelo com as últimas informações recebidas através de contatos físicos de 3° e 4° grau, como mediante ligações paranormais, experiências mantidas nas mais diferentes regiões do planeta, nos levam a aceitar que em passado remoto, milhões de anos atrás, ou mesmo há 3,5 bilhões de anos, povos extraplanetários, cujas formas eram semelhantes às nossas, deram início ao transcendente trabalho de preparação do planeta (Terra) para uma futura implantação da vida humana. Neste processo, formas de vida vegetal mais avançadas foram semeadas com o objetivo de modificar as condições ambientais, climáticas do planeta.

Quando as condições já permitiam, a vida animal de escala superior também foi trazida para evoluir naquele que seria, no futuro, nosso lar planetário. Só muito tempo depois (milhões de anos), após uma série de intervenções na evolução da vida, que para o planeta havia sido transladada, é que teve início o processo de colonização humana. Várias raças extraplanetárias, provenientes de mundos distintos, são então desembarcadas nas áreas da Terra mais favoráveis à sua natureza. Surgem então vários núcleos civilizatórios avançados.

Entre as atividades desenvolvidas pelos descendentes dos colonizadores estaria um projeto de manipulação genética, mediante o qual tentou-se "transformar" uma criatura primitiva, talvez o Ramapithecus, em criaturas semelhantes ao homem. As espécies de Australopithecus e o próprio Homo *babilis* teriam surgido como resultado deste processo de manipulação genética. Este projeto, entretanto, não chegou a atingir seu objetivo, pois grandes cataclismos provocados por um aumento na atividade de nosso Sol, ou pela explosão de uma estrela nas proximidades de nosso sistema solar, provocaram a total destruição da civilização implantada, e exterminaram boa parte daquela humanidade, descendente do processo colonizador, responsável pelas experiências genéticas. Os poucos grupos humanos sobreviventes geraram descendentes degenerados, em meio a um processo regressivo em termos evolutivos. O homem mergulhava na barbárie. O chamado Homo *erectus* de nossa antropologia seria o produto degenerativo imediato deste processo cataclísmico. Os Australopithecus e *babilis* (produtos da manipulação genética) acabaram por desaparecer do planeta, com o passar do tempo, não deixando descendentes.

Muito tempo depois dos cataclismos, as civilizações extraplanetárias, que haviam deixado partes de suas humanidades na Terra, voltaram a manter contato com o planeta, e começaram a tentar reverter o processo regressivo pelo qual o homem havia passado. Esta tentativa recuperativa implementada em algumas populações dos *erectus* (tipo de homem primitivo no qual os descendentes dos colonizadores se transformaram), possibilitou há cerca de 250 mil anos o aparecimento do "homem primitivo" que a ciência chama hoje de Homo *sapiens*.

Aproximadamente há 100 mil anos, uma irmanação entre os humanos, já em adiantado estágio recuperativo (Homo *sapiens*), com grupos que traziam ainda toda uma bagagem herdada do processo cataclísmico, remanescentes do Homo *erectus*, produziu o aparecimento do Homem de Neanderthal. Tal irmanação não fazia parte do cronograma do projeto recuperativo. Representou um retrocesso na caminhada em direção ao homem atual.

Sabemos que por volta de 35 mil anos atrás o Neanderthal desaparece repentinamente do registro fóssil, ao mesmo tempo que o Homo *sapiens sapiens* começa a marcar sua presença. Se podemos admitir, embora com algumas reservas, baseados na evidência fóssil disponível, que na África, no Oriente Médio, e de certa forma na Ásia, havia uma linha evolutiva caminhando em direção ao homem atual com certa velocidade, como demonstram alguns fósseis com traços nitidamente modernos, alguns datando de mais de 90 mil anos atrás, o mesmo não podemos em relação à Europa, onde o Neanderthal parece ter sido substituído pelo homem atual sem nenhum sinal de transição, como por passe de mágica. Como até hoje não foram encontrados nos acampamentos do mesmo sinais de lutas sangrentas, que pudessem ser atribuídas a invasões de grupos do Homo *sapiens sapiens*, capazes de ter provocado o extermínio do Neanderthal, alguns antropólogos passaram a defender a ideia que algumas populações precoces do Homo *sapiens sapiens*, surgidas na África ou no Oriente Médio, ao atingirem a Europa, em vez de partirem para um processo de confrontação, teriam se irmanado, gerando um cruzamento genético sequencial, que com o passar do tempo fez com que o efeito dos genes do Homem de Neanderthal fosse sendo encoberto, possibilitando o desaparecimento dos traços típicos daquelas populações. Poderíamos até aceitar esta possibilidade, entretanto, dentro deste tipo de ideia, é muito difícil, para não dizer impossível de explicar, as diferenças raciais existentes entre as populações da África, Europa e Oriente Médio.

Defendemos a ideia de que possivelmente teria ocorrido uma última interferência a nível de manipulação genética implementada nas populações do Neanderthal pelos extraplanetários interessados em nosso restabelecimento. Bastaria um controle sobre determinados grupos, produzindo de geração em geração certas modificações, tornando inativos determinados genes. Em meio a um processo de procriação convencional, porém controlado, teríamos cada vez mais o "sepultamento" das características típicas do Neanderthal, ao mesmo tempo que os traços mais modernos, pertinentes ao homem atual, seriam ressaltados, até o próprio surgimento do padrão *sapiens sapiens*.

Após o ressurgimento pleno do homem por volta de 35 mil anos atrás, ocorreram migrações em pequena escala de outros povos extraplanetários, ainda de formas humanas. Estes, mediante irmanações com os terrestres, deram origem a alguns núcleos civilizatórios avançados, que, entretanto, acabaram por ser destruídos por conflitos aparentemente nucleares, como sugerem tanto as informações recebidas pelos contatados, como as nossas próprias fontes da tradição.

Há poucos milhares de anos, mediante uma série de contatos mantidos pelas civilizações extraplanetárias interessadas no restabelecimento técnico e social de nossa humanidade, teve início o ciclo civilizatório atual. Os "deuses", através de contatos diretos com nossos antepassados, deram margem ao nascimento de mitologias, civilizações e de nossas grandes religiões.

Algumas lendas e representações em relevo parecem descrever astronaves e sistemas propulsivos que dificilmente poderiam cobrir os abismos interestelares, portanto, seriam naves cujas origens teriam que estar restritas aos limites de nosso sistema solar.

Segundo as informações "oficiais" de nossa ciência e da

NASA, nosso sistema solar, excluindo-se a Terra, não abrigaria formas avançadas de vida, passíveis de utilizar veículos espaciais. As vikings desceram em Marte a procura de vida a nível rudimentar. Até hoje esta possibilidade não foi negada categoricamente. Apesar da falta de declarações oficiais por parte da NASA, coisas "estranhas" foram descobertas: leitos de rios extintos, onde no passado circulava água, formações piramidais, tendo a maior destas um km de altura, o já bastante conhecido rosto humano aparentemente esculpido em uma rocha, linhas paralelas traçadas no solo etc. As vikings confirmaram ainda que Marte no passado teve condições ambientais semelhantes às terrestres atuais. Estes fatos nos fazem pensar que, num passado não muito distante, Marte poderia ter abrigado uma civilização humana avançada.

Estas descobertas respaldam a crença dos índios hopis, habitantes do Estado do Colorado (EUA), que acreditam que seus ancestrais emigraram para Terra vindos de Marte e Maltek, antes que este último fosse destruído por seus próprios habitantes. Precisamente entre as órbitas de Marte e Júpiter, encontram-se hoje uma infinidade de pequenos planetas, os asteroides, que parecem ser o resultado da desintegração do planeta Maltek dos índios hopis. Possivelmente a própria destruição de Phaeton, nome dado ao planeta "desaparecido" por Sergei Orloff, membro da Academia de Ciências da URSS, tenha provocado o fim da civilização existente na época em Marte. Como vemos, há poucos milhares de anos, um pequeno e último processo migratório parece ter ocorrido.

Após uma época de contatos diretos, os "povos do céu" afastaram-se para que o homem desse seus próprios passos, mas mantinham-se vigilantes, e por vezes suas naves foram reportadas pelo povo do planeta. A Idade Média está repleta de referências a misteriosos seres, aparentemente humanos, que apareciam envoltos em "armaduras luminosas".

Já no século passado (20), iniciou-se a preparação para a retomada de contato. Quase dois milhões de anos depois de ter mergulhado no primitivismo, na barbárie, o homem está prestes a reerguer-se, dando margem ao reatamento de relações com seus irmãos do espaço. Os OVNIs ampliam suas demonstrações sobre as cidades e os grandes centros.

Estamos começando a viver um tempo em que os contatos começam a proliferar em todos os níveis, e os extraplanetários transmitem informações que nos ajudam a compreender os laços que nos uniam, e nos unirão. Tudo indica que estamos beirando o momento do contato final e definitivo, através do qual nossa humanidade se reintegrará à comunidade cósmica responsável por sua presença no planeta.

O homem "terrestre" acabará por se tornar um "deus", e iniciará em algum ponto da galáxia seu "divino trabalho", lançando as "sementes" da vida em um mundo morto como foi a Terra no passado, mas que pouco a pouco haverá de ser transformado até a formação de um novo paraíso. Tudo estará pronto então. De um pequeno planeta azul chamado Terra partirão várias astronaves, na tentativa de perpetuação de uma linha evolutiva universal, iniciada em seu último ciclo há bilhões de anos, quando nosso universo pulsou com a grande detonação, o Big Bang, responsável pelo lançamento de torrentes de matéria em todas as direções, torrentes estas depois "solidificadas" em um número quase infinito de galáxias.

Mas temos que ter em mente que nosso universo, com bilhões de galáxias, pode e parece ser apenas uma célula em uma estrutura ainda maior. Por mais que busquemos mensurar os limites do Eterno, tal tarefa estará sempre por ser finalizada. Não temos a capacidade de compreender o Todo, mas é certamente a partir de nossas tentativas, experiências, que o Eterno, Deus, o próprio Universo, conhece e conhecerá a si mesmo. Portanto, não temos o direito de nos autodestruirmos, mesmo que seja apenas no plano físico-biológico, pois a cada vez que fazemos isto, estamos limitando as próprias percepções da Divindade Maior.

Bibliografia

ANNEQUIN, GUY – *A Civilização dos Maias*, Otto Pierre Editores.
AZIZ, PHILIPPE – *Os Impérios Negros da Idade Média*, Otto Pierre Editores.
_____ – *A Palestina dos Cruzados*, Otto Pierre Editores.
_____ – *A Civilização Espano-Moura*, Otto Pierre Editores.
_____ – *Angkor e as Civilizações Birmanesa e Tai*, Otto Pierre Editores.
BERGIER, JACQUES — *Os Extraterrestres na História*, Hemus.
_____ – *Você é Paranormal*, Livraria Eldorado.
BERGIER, JACQUES e PAUWES, LOUIS - *O Despertar dos Mágicos*, Melhoramentos.
_____ – *O Planeta das Possibilidades Impossíveis*, Melhoramentos.
BLAVATSKY, H. P. – *A Doutrina Mística*, Hemus.
_____ – *A Doutrina Teosófica*, Hemus.
_____ – *A Doutrina Oculta*, Hemus.
BRISSAUD, JEAN-MARC – *O Egito dos Faraós*, Otto Pierre Editores.
CARDINALE, QUIXE – *De Volta as Civilizações Perdidas*, Hemus.
CHARROUX, ROBERT – *O Livro dos Mundos Esquecidos*, Hemus.
DANIKEN, ERICH VON — *Eram os Deuses Astronautas?*, Melhoramentos.
_____ — *De Volta as Estrelas*, Melhoramentos.
_____ — *Semeadura e Cosmos*, Melhoramentos.
_____ - *O Ouro dos Deuses*, Melhoramentos.
_____ — *Provas*, Melhoramentos.
_____ — *Aparições*, Nova Fronteira.
DARWIN, CHARLES - *A Origem do Homem e a Seleção Sexual*, Hemus.
DEQUERLOR, CHRISTINE - *Os Pássaros Mensageiros dos Deuses*, Hemus.

DRAKE, W. RAYMOND — *Deuses e Astronautas na Grécia e Roma Antigas* Record.

_____ — *Deuses e Astronautas no Mundo Ocidental*, Record.

DURRANT, HENRY - *Informe UFO - O Livro Negro dos Discos Voadores*, Difel.

ELDERS, LEE J. e WELCH, THOMAS K. - *UFO... Contact From The Pleiades* (Volume I), Gênesis III Publisching.

ELDERS, LEE J. e ELDERS, BRIT NILSSON - *UFO... Contact From The Pleiades* (volume II), Gênesis III Publishing.

EMENEGGER, ROBERT - *OVNIs - Passado, Presente e Futuro*, Portugália.

FALEIRO, ANTÔNIO P. SILVA - *OVNIs no Folclore Brasileiro*, edição do autor.

FORT, CHARLES - *O Livro dos Danados*, Hemus.

GASSER-COZE, FRANÇOISE - *A Grécia do Partenon*, Otto Pierre Editores.

GRANGER, MICHEL — *Terrenos ou Extraterrenos?*, Nova Fronteira.

HANDINI, AMAR - *Suméria a Primeira Grande Civilização*, Otto Pierre ditores.

HYNEK, J. ALLEN - *OVNI - Relatório Hynek*, Portugália.

HOUZER, HANS - *Os Ufonautas*, Global.

KAISER, ANDREAS FABER - *Em Busca dos Extraterrestres*, Editora Três.

KEYHONE, DONALD - *A Verdade sobre os Discos Voadores*, Global.

KINDER, GARY - *Anos Luz*, Editora Best Seller.

KOLOSIMO, PETER - *O Planeta Desconhecido*, Melhoramentos.

_____ — *Sombras sobre as Estrelas*, Melhoramentos.

_____ — *Não é Terrestre*, Melhoramentos.

LEAKEY, RICHARD E. - *Origens*, Melhoramentos.

_____. - *A Evolução da Humanidade*, Melhoramentos.

MARCILLY, JEAN - *A Civilização dos Astecas*, Otto Pierre Editores.

MARTINS, JOÃO - *As Chaves do Mistério*, Hunos.

MAZIÉRE, FRANCIS - *Fantástica Ilha de Páscoa*, Livraria Bertrand.

MOREAU, MARCEU - *As Civilizações das Estrelas*, Difel.

MOURÃO, RONALDO ROGÉRIO DE FREITAS - *Da Terra às Galáxia*, Melhoramentos.

_____ - *Astronomia e Astronáutica*, Francisco Alves.

MOBILE, PETER — *UFO — Triângulo das Bermudas e Atlântida'*, Melhoramentos.

PEREIRA, FERNANDO CLETO — *Sinais Estranhos*, Hunos.

POTTIER, JACQUES - *Os Discos Voadores*, Editora De Vecchi.

SAGAN, CARL — *Cosmos*, Francisco Alves.
_____ — *Os Dragões do Éden*, Francisco Alves.
SAMPAIO, FERNANDO — *A Verdade sobre os Deuses Astronautas*, Editora Movimento.
SANMARTIN, FERNANDO - *A Pedra do Espaço*, Aquarius.
STEIGER, BRAD - *Projeto Livro Azul*, Portugália.
TRENCH, BRINSLEY LE POER - *A Invasão dos Discos Voadores*, Global.
TARADE, GUY — *OVNI e as Civilizações Extraterrestres*, Hemus.
_____ — *As Portas da Atlântida*, Hemus.
_____ — *As Crônicas dos Mundos Paralelos*, Difel.
THOR, ANTÔNIO JORGE - *Amazônia: Símbolos, Enigmas e Astronautas*, Gráfica Salesiana.
UCHÔA, A. MOACYR - *Além da Parapsicologia*, Horizonte.
_____ — *A Parapsicologia e os Discos Voadores*, Horizonte.
_____ — *Mergulho no Hiperespaço*, Centro Gráfico do Senado Federal.
_____ - *Muito além do Espaço e do Tempo*, Thesauros.
WAISBARD, SIMONE - *Tiahuanaco - 10.000 Anos de Enigmas Incas*, Hemus.
A Bíblia Sagrada (tradução de João Ferreira de Almeida) — Sociedade Bíblica Brasileira.
Alcorão Sagrado (tradução de Samir ei Haynek) — Tangará.
O Livro dos Mortos do Antigo Egito (tradução de Edith de Carvalho Negras) — Hemus.
O Livro de Enoch (tradução de Márcio Pügliesi e Noberto de Paula) — Hemus.
CAMPOS, WANDA — *A Origem do Homem Terrestre à partir do Espaço Cósmico*, fita cassete (produção independente).
OVNI Documento (revista) — números 1, 2, 3, 4, 5, 6, 7 e 8 — Hunos.
PLANETA (revista) — números diversos — Editora Três.
UFOLOGIA Nacional e Internacional (revista) — n° 1, 2, 3..., 10 - CPDV.
PSI-UFO (revista) - n? 1, 2, 3, 4, 5 e 6 - CPDV.
UFO (revista) - n? 1, 2, 3, 4, 5, e 6 - CPDV.
DISCO VOADOR Pesquisa e Divulgação — n? 1, 2, 3, 4 e 5 — Soma.
As Sociedades Secretas (edição especial de "Planeta") — Editora Três.

CONTATO FINAL
O DIA DO REENCONTRO
Marco Antonio Petit

14x21cm – 140 páginas

Após quase três décadas de pesquisas e centenas de vigílias em busca de um contato direto com as inteligências extraterrestres, o autor Marco Antonio Petit formulou instigantes hipóteses que explicam o interesse desses alienígenas por nossa humanidade. *Contato Final - O Dia do Reencontro* prova, de forma inequívoca, que temos uma ligação com esses seres muito mais forte e complexa do que imaginamos. Petit argumenta que a raça humana é, na verdade, fruto de uma delicada e cuidadosa experiência genética, realizada em nosso planeta por civilizações extremamente avançadas, detentoras de recursos tecnológicos em engenharia genética e navegação astronáutica que estão além de nosso entendimento.

Mas isso não é só. *Contato Final - O Dia do Reencontro* mostra em detalhes o que motiva essas civilizações alienígenas a plantarem vida na Terra, assim como já fizeram em muitos outros planetas do Universo. Seus objetivos, procedimentos e resultados são discutidos nesta obra, que faz uma abordagem nunca antes apresentada na literatura especializada sobre o assunto. Petit mostra que está programado para breve um inevitável reencontro com nossos criadores cósmicos, e aponta como isso ocorrerá e de que maneira irá nos transformar, individual e coletivamente.

OS DISCOS VOADORES E A ORIGEM DA HUMANIDADE
foi confeccionado em impressão digital, em setembro de 2024
Conhecimento Editorial Ltda
(19) 3451-5440 — conhecimento@edconhecimento.com.br
Impresso em Luxcream 80g. - StoraEnso